和泉屋

キリンビール
ニッポンビール
株式会社
和泉屋本店

SUNTORY
MÄRZEN
BEER

CALIFORNIA
e Country

横田達之お酒の話

日本酒言いたい放題

横田達之 *Tatsuyuki Yokota*
横田紀代子 *Kiyoko Yokota* 著
神田和泉屋学園同窓会「たより」編集委員 編

武蔵野書院

宝石のような美酒一雫で人生観が変わった

私の若いころは、日本酒というと、なにかの行事が終わった後に酔って騒ぐための起爆剤のようなもので、ある時期には、アルコールさえ入っていれば何でもいいという恐るべき時代さえあった。これは私だけでなく、世の中全体が、日本酒に対してそのようなイメージで接していた。

しかし、日本各地には、己の信念を曲げず、ひたすら優れた酒造りに励んでいる杜氏や蔵元がいくつも存在したのである。

佐藤總夫先生（故人、早稲田大学名誉教授、数学者）は、ご自分の職務も忘れてそのような各地の蔵元を歩き、良い酒の探索をしておられた方であった。そのまわりに、徐々に、日本酒を愛好する同志たちが集まってきて、佐藤氏とともに、池袋の居酒屋「笹周」（現在は閉店）を溜り場にして、月に一度、例会を開き、いくつもの日本酒を飲み比べ、意見を言い合い、その議論の結果を蔵元や杜氏に報告する、ということを続けるようになった。この集まりは「笹舟会」と名付けられ、現在も続いている。

私は40年近く前、友人に誘われて「笹舟会」に出席し、そこでまさに《宝石の一雫》

と言うべき日本酒にめぐりあい、すっかり人生観が変わったのであった。

かたや、今回の本をまとめられた横田達之氏もまた、日本酒をこよなく愛し、いくつかの蔵元や佐藤先生との心の通った交流を土台に、《正しい》日本酒文化の普及に努めてきた人である。

神田和泉屋では、横田氏が納得するものだけが売られていたので、どの酒も美味しく、安心して買うことができた。横田氏は「アル中学」「アル高校」などを開設し、そこでは日本酒の深く幅広い知識とともに、その飲み方、料理に合った日本酒の選び方なども教わることができた。私の娘や息子の嫁なども入学したので、修学旅行の際には私も父兄参観として同行し、房総の「岩の井」や「木戸泉」の蔵元を見学して、たいへん楽しい一日であったことを想い出す。

ここ数年で世界的に日本酒のグレードが上がっている。それは佐藤氏、横田氏による地道な努力が実ったものであると、嬉しく思っています。

二〇一五年八月吉日

作曲家　冨田　勲

横田さんとの出会い

神田和泉屋の横田さんと出会ったのは、東京南長崎の「翁」を閉めて山梨に自家製粉の店を始める準備中の時でした。

昭和61年の年が明けて寒い時でした。仲間の秩父の小池さんから「そば会」の手伝いを頼まれました。お客様は二名で、おそばと、お酒に大変うるさい人ということでした。

近くの料理屋さんが料理を出し、小池さんの自家製粉のそば粉で、私がつなぎなしの生粉《きこ》打ちそばを打ちました。打ったあとお客様と一緒の席につきました。そのお客様が横田さんと早稲田大学の佐藤總夫先生でした。

東京時代の「翁」は、灘の大手メーカーの特級と一級の一合瓶を置いてお客様の注文に合わせて栓を抜いて出していました。私もお酒は好きで適当に飲んで楽しくなれば良しとしていました。ところがお二人の飲み方は、まったく違っていました。その時は菊姫、菊の城、岩の井、木戸泉等何種類かのお酒を飲みくらべておられました。私も飲ませてもらいました。こんな旨い酒があるのか！　と正直言って感動しました。

私が日本酒に本格的な興味を持ったのは、この小池さんの「そば会」です。山梨の店では、この時飲んだ日本酒を置かせてもらいました。

また、山梨に移ってから毎年暮れの29日に東京で開いていた「翁の会」で、四季桜の「はつはな」（この時まだ花神はない）を使用していました。神田和泉屋さんから半分、他の問屋さんから半分仕入れたのですが、横田さんが一口飲んで、すぐに四季桜さんに電話をしていたので、「何ですか？」と聞いたところ、酒の調子がおかしいので確認したと言われ、実は今回半分別の問屋さんからの仕入品である事をお話ししましたところ納得されました。そんな事で神田和泉屋さんのお酒は、品質間違いないと確信いたしました。

アル中、アル高の皆様には、「そば会」でお世話になりましたが、これからは、同窓会で盛り上がってください。

二〇一五年八月吉日

達磨　高橋邦弘

横田達之　お酒の話　日本酒言いたい放題

目次

店を継いで最初に使ったダイハツミゼットと

第二章　日本酒の話

日本酒の原料

造りの現場から

木造店舗時代のおかみさん

はじめに

両親の跡を継いで数年後、30歳くらいのころでした。酒小売店の監督官庁である国税庁から「規制緩和、自由化の時代」を伝えられ、業界は大騒ぎながらも「まさかそんなことが……」と半信半疑。国税局の指導で酒類小売組合が「事業協同組合」を設立などという動きもありましたが、酒類販売免許制度で長い間守られてきていた組合組織には危機感が乏しく、免許が自由になったときの状況を想像できない人が多くいました。

私は将来に不安を感じて、同じ危機感をもつ人たちが立ち上げた小売店主催の「ボランタリーチェーン」に加盟しました。小売店主催ということは運営役員も互選で、私はいつの間にか商品開発と商品説明の教育担当になっていました。やがてこの部分にプロのコンサルタント会社が加わり、酒屋経営のかたわら一緒に仕事をしたおかげで、父の死後、加盟店の面倒をみる余裕がなくなり退会したあとも、自分だけで道を切り開く力が多少なりについていました。

　当時、すでに都心の人口は減り続け、「ドーナツ現象」と呼ばれる都心空洞化が始まっていて、地元に根付いた小売商店にとって、人口の減少は、深刻な問題になり始めていました。「ドーナツ現象」と言われても、神田に生まれて神田で育った私には、郊外に移ることなどとうてい考えられませんでしたから、オフィスに出勤してくる大勢の人たちを対象にした〝商売のありかた〟を工夫しなければなりませんでした。持ち帰り商品をと考え、まだ珍しかったフランスワインやスコッチウイスキーの品揃えを充実させました。あの当時としては、100種類のスコッチウイスキーの品揃えはかなり話題となり、多くのお客様が来店されました。

　これに気を良くして、東京は〝地方から来た人たちの集まり〟と考え、日本酒、今で言う「地酒」の品揃えを始めました。まだ地酒ブームなどが起こる前のことです。東京には酒問屋がたくさんあり、灘の大手酒蔵のお酒のほかに、縁故などで数種類の地方の酒蔵のものも扱っていましたから、東京中の酒問屋に電話をかけて集めました。なんと1週間で100種類ものお酒が集まり、「北から南」という感じの陳列となりました。これが意外なほど売れました。遠くからわざわざ見える方も増えましたが、そのうち、「これは私の郷里の酒だけど、地元にはもっと良い酒がありますよ」などと言う人が何人も現れました。お恥ずかしい限りですが、この時には正直、「ワインの赤、白、ロゼでもあるまいし、何を言っているんだろう。どれだって同じだろう」と思いました。しかし、気になって数本を飲み比べてその違いの大きさに驚きました。

いったいどこに旨い酒があるのか？　銘酒探しが始まりました。当時、酒蔵さん方も、次の時代を模索していろいろな団体が誕生していました。たとえば「本醸造協会」とか「純粋日本酒協会」のような名称の団体です。それらに属する地方の中堅どころの蔵元さん方とのお付き合いが始まりましたが、やがて東京都北区滝野川の国税庁醸造試験所にもでかけるようになり、地方の聞いたこともない小さな酒蔵さんのお酒との出会いから、酒造りに携わる杜氏や蔵人、熱く酒造りを語る蔵元さんともおつき合いが始まりました。いつの間にか棚に並ぶお酒も入れ替わり、それに呼応するかのように神田の店舗に見えるお客様方も入れ替わっていきました。造り手と飲み手の双方から刺激を受け、育てられ、蔵元の哲学信条が注ぎ込まれるお酒、飲む人をほっとさせ、慰め、元気づける、そんな民族のお酒の世界にどっぷり漬かっていきました。いつの間にやら、「日本酒」は私にとって単なる商品ではなくなっていました。これが「地酒屋神田和泉屋」の始まりです。

「この世界に貢献できることはなにか」と考えた末に、お酒の流通に関わる者として、酒蔵を出てからの「お酒の管理」の工夫と、「自分で自分のお酒が選べる人」になるためのお手伝い。それが27年間に亘る講座「お酒の学校」の開講となりました。どうもお金勘定の苦手な経営者でしたが、「儲けという字は信者と書く」を心の拠り所に、造り手に飲み手に愛想をつかされないように日々を過ごして今日まできました。しかし、2015年春、私も、私を支え続けてくれた妻も、ともに75歳の後期高齢者となりました。跡取りになるかもしれなかった息子たちも、長男は地下鉄土木設計技師、次男は東京農業大学の准教授、とそれぞれの道を歩んでいます。神田和泉屋も創業80年、跡をついで50年、キリの良い数字で始末をつけようとしました。実は、お酒の学校「神田和泉屋学園」は、日本酒科の「アル中学」「アル高校」「アル大学」、「ドイツワイン科」、そして教室で出される「おかみさんの料理」を学ぶ「家政科」とありましたが、最初となった「アル中学」が始まってから27年、これはちょっとキリが悪いのですが、アル中学卒業生が2000名（実際は2025名ですが、転勤などで25名がアル中学を卒業できませんでした）、最後の期の生徒が卒業する2015年3月に、すべてキリの良い数字が揃いました。

今後は、年齢も考え無理なく、もともとやり遂げなければならないことを、方法論を変えて行うしかありません。「神田和泉屋が選んだ酒でなければ……」と言ってくださるお客様に対しては、インターネットやファックスで対応、手間のかかる店舗販売をやめて、小売店舗であった1階の部分は、立ち飲み「神田和泉屋乃酒庫《さけつこ》」に改装しました。お酒の教室の「教材として開栓するお酒」から「立ち飲みで開栓するお酒」に替わりますが、いつも自分のお酒の調子を診ることができます。会計事務所の先生の「良いね、今度は学校に入らなくても社長の話が聞けるんだ」に背中を押されました。昔、神田和泉屋学園を始めたときには「立ち話のお酒の話をまとめて聞かせて」がきっかけでしたが、今また「お酒の立ち話」をすることになるとは、35年前に戻った気分です。年齢も同様に戻ってくれれば良いのですが……。さぁこれから新しい10年の最初の一年が始まります。

◇　◇　◇

今、思うこと、心配なことは、最近の酒の傾向です。新しいお酒の時代ということなのでしょうか、コストを下げるための酒粕を出さない「融米造り」、手間やコストのかかる麹を節約して製薬会社の糖化酵素に頼る酒造り、吟醸香に似た香りを出してくれる「バイオ酵母」の使用、マスコミを利用した巧妙な新銘柄のデビュー……。今に限ったことではありませんが、昔も今も「歴史は繰り返す」の言葉のように次々に登場する銘酒？に、昔からの銘醸蔵元は翻弄されています。なぜ、伝統的な食文化の代表であるお酒の世界がこうなってしまうのでしょう。私は、消費者である日本人の味覚が、「日本人」的でなくなりつつあることが、その原因の一つではないかと感じています。「衣は一代、住は二代、食三代」と言いますが、爺ちゃん、婆ちゃんから三代続いて、孫に伝わって初めて「その家の味」となる、かつての日本では当たり前であった伝承文化の喪失です。

日本は太平洋戦争で負け、ちょうど終戦後初めての小学1年生が私の年代。あまりの児童の栄養状態の悪さから、進駐軍（アメリカ占領軍）から「いちごジャムのコッペパン」と「脱脂粉乳」が提供され、子供たちは命を繋ぎました。同時にキッチンカーが全国を走り回り、洋食が広まっていきました。あれは親切ではなく、さてはアメリカの余剰農産物の消費植民地作りだったのかと思ったら恩知らず？　でしょうか。

「日本の食」はあの戦争で壊滅したのかもしれません。ついこの間、日本食がユネスコの世界無形文化遺産に登録というニュースが流れました。京都の料理人が活動のきっかけだったということで高級料亭の料理だけの話だと思われがちですが、登録は特定の料理ではなく「食に関する慣習」です。かつては、貧しい家庭の食卓にも「日本の伝統の味」はあったのです。終戦直後の食糧不足の時、配給で購入した一本のねぎを焼いて、醤油をかけて食べた「ネギの蒲焼き」は、私にとっては今も忘れられない「高級な料理」です。

心配なのは、ちゃんとした食事を教えられなかった今の親たちが、子供に与えている食事です。さかのぼれば私たちの世代の責任ですが、心配の極みです。「味覚は3歳までに決まる」と言いますが、「おふくろの味」がレトルトの「ふくろの味」になってしまった現在を情けないと思うのは私だけでしょうか。外国のものを排除しようというのではありませんが、

「食育ってなんだー、日本人の国際化ってこんなことなのかー、日本人大丈夫かー、日本酒大丈夫かー」

と、しても甲斐ない心配をしている後期高齢者の私です。

今回、「お酒の学校」の閉校に際して、卒業生の集まり「神田和泉屋学園同窓会」

が、私が、これまでに月刊「神田和泉屋学園たより」や雑誌などに掲載した「お酒の話」を1冊の本にまとめて出版してくれることになりました。「神田和泉屋学園たより」だけでも全部で272号もあるなか、短期間に、ご自身の仕事も忙しいのに、何回も長時間の会議を重ね、山のようにあるごみの中からダイヤならぬ小石を選び出し、この出版にこぎつけてくれた十数人にもなる同窓会編集ボランティアの皆さんのご尽力、イラストを描いてくださった下田信夫さん、カバーの写真を撮ってくださった写真家河野裕昭さん、そして気持ちよく出版を引き受けてくださった神田の老舗出版社「武蔵野書院」前田智彦社長に感謝申し上げます。

二〇一五年七月吉日

神田和泉屋学園　元校長　横田達之

本書について

一、本書は、月刊紙『神田和泉屋たより』（昭和63（1988）年8月第1号創刊〜平成16年（2004）10月195号にて廃刊）、『神田和泉屋学園だより』（平成16（2004）年11月創刊（通巻196号）〜平成23（2011）年3月272号まで発行、以下「たより」とする）に掲載された記事の中からピックアップした、主に「お酒の話」を中心に再構成したものです。

一、再構成するにあたり、記事をテーマごとに編集し直したため、掲載順序は必ずしも「たより」発行順ではありません。

一、各記事は、各々のタイトルの下に記された日付で掲載された記事であるため、平成27（2015）年7月現在の情報とは異なる場合があります。

一、新たに書き起こしたものや、元の記事を大幅に書き直したものは、「書き下ろし」としています。

一、重複する記事は出来る限り整理しましたが、本書構成上必要と思われる箇所はこれを掲載しています。

一、登場人物名や蔵元名などには、原則として敬称を付していますが、文脈上一部これを省略している箇所があります。

一、一部不適切な表現と思われる箇所がありますが、往時の表現としてそのまま掲載しております。

二〇一五年七月

神田和泉屋学園同窓会「たより」編集委員

第一章　神田和泉屋の話

昭和 11 年開店当時（看板の寄贈はなかった）

1　神田和泉屋の歴史

今年は節目の年

（210号／２００６年1月掲載）

神田和泉屋は創業70年、神田和泉屋学園も開講20年を迎えます。創業は昭和11年の夏でした。かつての小川町周辺はとても繁華な場所だったそうで、靖国通りの小川町交差点近くはエノケンが「俺～は村中で一番…」と歌った「モボ（モダンボーイ）、モガ（モダンガール）」が闊歩した通りで、ロシア革命で逃れてきた白系ロシア人の女性などが働いたカフェも建ち並び、今も地下鉄出口B5のところには「天下堂」ビルなどの名残があります。ちょっと両国寄りの須田町には日露戦争の英雄「廣瀬中佐」の銅像、今の「交通博物館」※2006年現在のあたりです。ここが東京一の繁華街で博物館のあるところは中央線のターミナル駅「万世橋駅」。多くの人出で賑わった場所の名残で、今も「かんだ やぶそば」、鶏料理の「ぼたん」、おしるこの「竹むら」、あんこう鍋の「いせ源」などが残っています。神保町の方に行けば、今の「種のタキイ」《※2006年現在》もちょっと昔は「神田日活」という映画館、このあたりは「新天地」と呼ばれた繁華街で「毎晩殺人事件があったよ」などと年寄りが言うちょっと危険な匂いのする繁華街。靖国通りの「美津濃スポーツ」の裏には「五十稲荷神社《ごとおいなりじんじゃ》」が今もありますが、かつては5と10のつく日には縁日が立ち、つま先立たなければ歩けなかったほどの賑わい、今では想像も付かない神田の変わりようです。

　私の親父がこの地を選んで開業した理由は繁華街であったからでした。子煩悩な親でしたが、商売熱心で商売上手でした。終戦後は神田の酒屋で2番目に早くトラックを買い、銀座や日本橋に飲食店の顧客をたくさん持っていました。こんな生い立ちを持つ神田和泉屋ですが、校長が跡を継ぐと決まったときから飲食店顧客を整理したりして、商売下手な息子でもなんとかなる?ようにと考えてくれました。また私たちの結婚と同時に隠居。好きなようにやれということでしたが、責任も当然自分持ち。幸い、当時からいつの時代にも誰かがそばにいてくれていて良い刺激と忠告、援助を与え続けてくださったおかげで、今日の神田和泉屋があります。そして気づけば70周年。ありがたいことです。

稲荷神社と言えば昨年6月から校長が地元小川町の守り神「幸徳稲荷神社」の代表役員を務めることになりました。古い記録が引き継いだ書類の中にありました。「商売が繁盛したから三百円」「妻が死亡したので二百円」などという寄付の記録がたくさんありました。その寄付記録も親父の時代くらいで途絶えていますが、それでも親父の時代に神社修復の寄付集めをして鳥居などを直した記録がありました。「おかげさまで」という気持ちを忘れずに神に対して「お願い」ではなく「お礼」の気持ちを持ち続ける「日本人が日本人らしく」生きていた時代です。

先日、テレビに東京農大の人気教授が出て「日本人はここ数十年の間に5倍も肉を食べるようになり、海藻や根菜、魚を食べることが少なくなりました。しかしこれらの食品は日本人にとって必要な……」。またある友人は「同じ東洋人でも中国人や韓国人は肉食人種。日本人は米食人種なんですよ。強いて言えばタイ人が同じ米食人種。肉を食べ続けると自己主張が強くなり優しさが失われて行く傾向があります」と。牛丼の騒ぎに象徴されるように「肉なしに生きられない今の日本人」。神社への「感謝の念の減少」も「民族の酒、日本酒の衰退」も根はこんな深いところにあるのかもしれません。

本物の日本酒を守る――お酒の学校の誕生

原題：神田和泉屋の歴史
（219号／２００６年10月掲載）

おかげさまで今年7月27日で創業70周年を迎えました。現在地で父が創業したのが昭和11年のことでした。私が跡を継いだのが結婚した昭和40年、25歳の時でした。

長男に生まれた私は、当然のことのように酒屋になるものと幼い時から思っていましたが、父は私が酒屋の跡継ぎになるとは思っていなかったようで、申し出は寝耳に水、しかし内心は喜んでいた？ようでした。やがて「こんな小さな店に経営者は二人はいらない」といって父は現在私達が住んでいる赤坂に自宅を建てて引退。好きなようにやれ！ ということでそれ以来好きに？やってきましたが、その頃から免許制度で絶対安泰と思われていたこの業界にも黒い雲が近づいてきていました。

お酒を売る免許が近い将来なくなるという通達も国税局から受け、この業界も大騒ぎ！組合による共同仕入れの機構作りなどが進められましたが、私はどうも「みんなで固まっていれば大丈夫」という考え方が好きになれず、始まったばかりの酒小売店ボランタリーチェーンに入会。それは将来酒販免許を取得するであろうスーパーに対抗するために差別化を図ろうとする組織でした。役職はすべて加盟店から選ばれるという組織の中で熱心に出席した結果、「チェーン設立準備委員長」その後は「加盟店教育指導部長」などを父の死去の時まで務めることになりました。この10年近くの間、加盟店の開店、さまざまな差別化商品の開発にも携わりましたが、主にそれを販売する商品知識とセールスポイントなどを「教える」ということをしてきました。

展開しようとする店舗はアメリカ型ではなくヨーロッパ型店舗。やはり必要があってヨーロッパへ。と同時にどうしてもウイスキーの製造工程が分からなくてスコットランドまで見学に行ったりしました。

当時はしっかりした組織を作ることが将来にとって重要と考えて行動していましたが、その時の人に教えるための勉強が後になって自分自身のために役立つとは思っていませんでした。

そして差別化商品として地酒に取り組むことになったとき、運命の出会いがありました。宇都宮の「四季桜」の当時の蔵元であった故今井源一郎さんです。その酒造りの姿勢を見て、私にとって清酒は単なる商品ではなくなりました。良いお酒のご縁で生まれた人間関係から多くのものを学び、特に、早稲田大学名誉教授の、故佐藤總夫《ふさお》先生の影響を多く受け、やがて「日本酒のために何が自分にできるのか」を考えるようになりました。

ライフワークとして「本物の日本酒を守る」ための何かをしようと心に決め、結果として「アル中学」を開講。そして自然の流れで「アル高校」、「アル大学」、ご縁あって25年間の長きに亘り、輸入販売することになったドイツ有機農法ぶどう栽培辛口ワイン蔵9軒のワインのために開講した「ドイツワイン科」も誕生。当初は近所のレストランにお願いした「料理」も先方の都合で配送を受けることができなくなってしまったため、急遽おかみさんが調理を担当することになりました。その結果、この料理を習いたいという生徒さんの要望から「おかみさん教室家政科」が誕生しました。どれもこれも私達にとっては自然の流れでした。

取り扱いの商品の絞り込みもそうでした。「販売免許があるのにビールを売っていない日本で唯一の酒屋」などと言われたりしましたが、これも日本酒に真剣に取り組むには余計な商品だったのです。ビールやウイスキーなどの取り扱いを止めるということは、それを買ってくださっていたお客さま、そして飲食店さんとも縁を切るということでした。「これだけの品揃えをするのは大変だったでしょうね」とよく人に言われましたが、実は本当に辛かったのは「そこそこ売れているものを止める」ということでした。しかし神田には狭い地域にたくさんの酒店があるのだから、お客さまに迷惑をかけることはないだろうと考え実施しました。現在の神田和泉屋を見ると、片寄った商品を置く変な店になっていますが、特にどこかの時点で将来を見据えて、「エィッヤッ」とガラッと転換したわけではなく、これも自然にこうなってきていたのです。

ワインハウスや居酒屋の開店も、ドイツの辛口ワインや本物の日本酒を広めるために必要な方法論。最近での「干物」の取り扱いを始めたのも、「酒屋？　それとも魚屋？」などといぶかられていますが、これも「お燗して美味しくなる」日本酒のために味を凝縮したつまみが必要だったからです。

これからも「日本酒を守る」ための有効な方法論を思いつけば、さらに変な店となる可能性がありますが、呆れずにおつき合いください。今年はアル中学開講から20周年。健康に気をつけて30周年を目標に頑張ります。

日本酒の実力を世界に問う――日本航空に大吟醸酒搭載開始

原題：ＪＡＬに大吟醸酒
＋日本航空大吟醸搭載終了
（200号／２００５年3月掲載ほか）

神田和泉屋で扱っているものと同じ大吟醸酒が、日本航空機に搭載されています。

春霞（秋田）…………大吟醸
上喜元（山形）………限定大吟醸
四季桜（栃木）………聖《ひじり》
岩の井（千葉）………大吟醸古酒
菊姫（石川）…………大吟醸ＢＹ赤箱
豊の秋（島根）………大吟醸斗瓶

華鳩（広島）…………大吟極上
歓の泉（広島）………極至中汲山田錦
繁桝（福岡）…………箱入り娘
菊の城（熊本）………大吟醸
香露（熊本）…………大吟醸
西の関（大分）………秘蔵酒

少量生産のため、搭載の数量が十分でないのでヨーロッパ線直行便の3路線ファーストクラスだけのサービスですが、世界に日本の文化「大吟醸酒」を紹介しようという日本航空の文化事業として行われています。神田和泉屋もほんのすこしのお手伝いをしています。

ことの始まりは素晴らしい日本酒を飲んだアメリカ人、確かカーネギーホールの支配人さんだったと記憶していますが、「日本には素晴らしい〝大吟醸酒〟というお酒がある」と話され、ニューヨークタイムズあたりにも紹介されたことがありました。

このこともあったせいでしょうが「大吟醸酒」の名が知られ、訪日するアメリカの人たちがデパートや小売店でおみやげ用にこの大吟醸酒を買い求めて持ち帰り、「これが有名な大吟醸酒だ」と配ったわけです。しかし残念ながら「本物の大吟醸酒」は少なく、ほとんどの方がインチキ大吟醸酒や不出来な大吟醸酒をおみやげに買って帰っていったのです。配った方の信用も丸つぶれだったのでしょうが、記事を書いてくださった方の面目も丸つぶれ。何とも情けないことになってしまいました。

この話を日本酒ファンでもある作曲家の冨田勲先生が、グローバルアドヴァイザーとして参加した会議で日本航空の偉い方ににお話しをされたことから、日本航空機への大吟醸酒搭載が実現しました。多少なりとも〝日本酒ファンの外国の方々の名誉回復〟が図れれば幸いとの願いと「本物の大吟醸酒」のご紹介が目的です。

日本航空の積み込み部門ケータリング担当の方々も積極的に取り組まれ、大吟醸酒をフランスワイン専用の所に格納して、品質の万全を図ってくれています。このために変形瓶やサイズの太い大吟醸酒はボルドーサイズの瓶に詰め替えられています。

各蔵元さんも数量のないお酒ばかりですが、自社の宣伝ではなく〝日本の文化〟のためと認識され、この事業に協力されており、外国の方々からの評判も上々のようでした。

今この瞬間にもこれらのお酒が空の上で外国のお酒と闘っています。

◇　◇　◇

日本航空に大吟醸を搭載した際、酒蔵への発注表に載せた飛行機のイラスト（下田信夫氏画）

〝本物の日本酒〟を世界の方々に知っていただこうと、日本航空国際線ファーストクラスに15年間に亘って文化事業として実施された大吟醸酒搭載は、２００5年3月をもって終了ということになりました。

この搭載によって日本酒の世界に何か良いことが起こったのか、当初の目的が充分達成できたのかはよく分かりませんが、少なくとも他の航空会社も灘の大手メーカーのお酒だけを載せるということなく、地酒と呼ばれるお酒を搭載するのが当然のこととなったことだけでもやった意味はあったと思っています。

その間、数軒の蔵からは「これでよろしいでしょうか?」と搭載前のお酒チェック、「問題が発生しています。どうしましょう?」などとお答えのしようのないSOSもありました。香りプンプンのバイオ酵母使用の大吟醸が今も大流行ですが、搭載当初はヤコマン大吟醸との闘いでした。本物とはほど遠いインチキ吟醸の勢いに「熊本県酒造研究所酵母」で対抗。搭載12蔵のほとんどがこの酵母系で味の豊かな大吟醸を造っています。政治家などの関係で持ち込まれたお酒に「日本を代表するお酒とは言えない理由」をレポートにして何度か提出しました。微力ながら日本酒の名誉を守るためのできる限りのことはしてきたつもりです。

しかし同時に「なぜ小さな小売酒店がチェック?」、「既得権益?」という不自然さもあり続けました。そのこともあり当初から洋酒のサントリーが「音楽大賞」なら、日の丸を付けて世界の空を飛ぶ日本航空の「日本酒大賞」の構想を提案し続けてきました。全国新酒鑑評会への不信もあって消費者による品評会の提案でもありました。しかし、巨大な企業ではなかなかそう簡単なことではなく、担当者も頻繁に変わるなどで実現には一歩も進むことはありませんでした。しかし振り返れば、常に最高品質を保つためのさまざまな協力など、この日本航空さんへの大吟醸搭載は神田和泉屋にとって大きな自己啓発の原動力ともなっていました。しかし、航空業界の価格競争の激化、収益の悪化でヨーロッパ線に限定した搭載など5年ほど前から縮小の方向に向かっていました。日本航空さんも含めた世界中の航空会社の経営が悪化している中での継続でした。長期間の実施に担当各部署の方々に感謝しています。

しかし、今年4月から搭載予定の大吟醸酒の選定で、残念ながら聞こえてくる情報では「価格が最優先」の模様です。これもやむを得ないこととは思えますが、せめてルフトハンザ航空のように各地区の優勝蔵のワインを次の優勝蔵の出るまで搭載するなど、何らかの品質を基にした選定基準が欲しかった。今はなんの発言権もない店主横田の愚痴です。

2　人との出会い

佐藤總夫先生との思い出

——書き下ろし——

早稲田大学名誉教授の佐藤總夫先生は、父と同じくらいに私に大きな影響を与えた方です。私が38歳くらいの頃、「早稲田大学の佐藤です」と突然、神田に訪ねてこられました。1時間くらい談話しましたが、先生の話される内容は、私が今まで考えてもみなかったことばかりで、話についていけません。呆れられて、多分もう二度とお見えにはならないものと思っていましたが、その後、月に一度くらいの頻度で神田を訪れられるようになりました。

先生の見識は酒蔵さん方に高く評価されていて、お酒について意見を求められることも多く、その問題点を突くレポートの鋭さは驚くべきものでした。このことを間近で経験したお陰で、後に、日本航空ファーストクラスに搭載する大吟醸酒の選定をまかされた時にも、政治家などの圧力で押し込まれそうになった駄酒をレポートで撃退することができました。

また、先生が主宰されておられた「笹舟会」の定例会にもたびたび招かれ、障子越しに渡される〝銘柄を告げられないお酒〟での訓練が始まりました。

毎日のように電話がかかり、またご一緒に出かけることも月に数回に及びました。

「そうですか、横田さんはそう思われますか。安心しました。私は異常味覚ではないですね」

と、おっしゃることも数回。今考えると、先生の味覚テストではなく、私の唎き酒能力の上達具合のチェックでした。

そして、お会いしてから15年も過ぎた頃でしょうか、

「もうあなたにお教えすることが何もなくなりました。よくここまでついてこられました」

と言われ、はっと気づきました。なぜ先生はこんなにまで指導してくださったのかと……。

「実は、『四季桜』の今井源一郎さんに、今度東京にお酒を出すことになったが、どんな小売店か、見届けてほしいと言われて、お店に来たのですよ」

「ありのままに報告しました。お酒のことは何もご存じないが、人柄は悪くない。お酒を

出しても大事にしてくれますよ」

「先生、横田さんを酒の分かる人にしてくれ」

こんな会話があったと打ち明けてくださいました。

「『四季桜』だけでなく日本酒全体のことを心配してほしい」

「目明き千人、めくら千人。後者を対象とした商売は利益が出ます。あなたはどちらを対象に商売されますか？」

私の返事は皆さんのご想像の通りです。先生の教えに従い、「目明きの消費者を増やすこと」が私の天職と考え、アル中学を開講しました。名前が不謹慎だとお叱りをいただきましたが、開講には賛成してくださいました。

約30年の中で私の指標となるいくつもの助言をいただきましたが、今は「教育は時間と忍耐が必要です。しかもその成果はあがりにくいですぞ」のお言葉が…。今やまさに「日暮れて道遠し」を実感しています。

※一部不適切な表現がありますが、故人の慣用表現を尊重して使用しています。

今井源一郎さんとの思い出

――書き下ろし――

ずいぶんと昔のことです。私がまだ40歳前の頃の冬。ぼたん雪が降る中、なにやら雲の上を歩いているような感覚で暗くなり始めた仲坂を下っていたのを思い出します。とにかくこの日は特別な日でした。今考えると、この日が私の地酒屋人生が始まった日だと思うのです。仲坂は御茶ノ水駅から小川町の店舗兼自宅に通じる坂道です。この日は宇都宮市内の酒店さんの紹介で訪問の約束をとりつけ、鬼怒川のほとりにある宇都宮酒造さんに伺いました。想像していた酒蔵のイメージとは違って、柳田街道からちょっと細い道に入ったところにあるこの蔵は普通の民家の感じ。引き戸を開けて土間にはいると若い娘さんの声が聞こえました。

「昌平！キタをいじめちゃダメッ」

声の主は長女の香子ちゃん、昌平君は小学校1年生の長男、キタは樺太犬の名前。やがて当主の今井源一郎さんが姿を現しました。ちょっと頭の毛が薄いやせ形の神経質そうな感じの方で、どうも今までお会いした酒蔵さんとは違うイメージです。事務所兼自宅の建物の奥に酒造場があり、そこでしばらく「四季桜の造りの哲学」を伺いましたが、その真面目で真摯な言葉の迫力は、今までに私の経験したことのないほどのもので、私のいちいちの返答は後日手紙で伝えることになったほどでした。こまかいことは忘れましたが、結局「売ってください」「買ってください」の会話もなく、蔵を辞しました。

さて、そのあと一か月経っても蔵からは音沙汰なし！　そんなときです。佐藤總夫先生が神田の店においでになり、しばらく話を交わしてお帰りになりました。その後ほどなくして酒蔵から電話が入り、トラックに酒を積んで神田にみえるとのこと。源一郎さんが神田にみえたのは、これが最初で最後でした。到着の日には、吟醸用に設置したプレハブ冷蔵庫をオーヤラックスで消毒、お酒の到着を待ちました。私の手はそのカルキの臭いがプンプン。でも源一郎さんは嬉しそうでした。筆まめな方でちょくちょくお手紙をいただきました。多分モンブランのロイヤルブルーのインクだったと思いますが、その字がなんとも見事な「みみずのたくり流」。しかしいつの間にやらこの字にも慣れて、難なく読めるようになってしまいました。

「これからしばらく次の酒造りを考えに湯西川温泉に一カ月ほど籠もるから」

と言っては姿を消していましたが、実は入院だったのです。

「癌はかわいい奴、自分を一生懸命に日を過ごす人間に変えてくれた」

と仰っていましたが、癌であることがわかって、残り少ない人生を酒造りにかけていたのでした。ご本人も「トテ馬車人生」を自認し、わき目も振らずにまっすぐ走る、癌と闘いながらの酒造り人生でした。初対面で強力な印象を受けたのは、そんな覚悟の底から話しかけられているような迫力のせいだったのでしょう。

覚悟していたとはいえ、わずか45歳でこの世を去りました。済生会宇都宮病院の主治医の中沢先生から、

「横田さん、あとで解剖所見をお送りしますが、その前にお話ししたいことがあります」

と火葬場で言われました。

「素人の私には難しい所見などわかりませんよ。どうぞお話しください」

「実は医学的には源一郎さんは数か月前に亡くなっているんです」

「どういうことですか」

「内臓に固形物がなく、どろどろの液体になっていたんです。生きている状態ではありませんでした」

確かに「おならが出た」と言って子供たちと嬉しそうに笑っていたと後で聞かされましたが、おならはまだ大丈夫の証でした。

入院中に宇都宮駅に近い病院には2回ほどお見舞いに行きました。その時に腕にはめていたのは、互いに交換し合った腕時計でしたが、帰りの時間が迫り、時計を見たところ午後2時ころなのに10時少し前で針が止まっていました。神田に戻って電池を交換したものの、一カ月後の2回目の訪問時に、またもや10時10分前に針が止まっていました。その時間は新幹線が宇都宮市内に入ったくらいの時間だったのです。その数年後、再度電池を交換し、今は正確な時を刻んでいますが、あのとき時計の針を止めたのは、源一郎さんだったのではないかと思っています。

病床から杜氏に指図していた源一郎さんは、今期の酒造が「皆造」となり、造りを終えた蔵人たちが病室に帰郷の挨拶にきた後、息を引き取りました。

「きっと源ちゃんが死ぬときは桜の花が咲いているに違いない」

と彼を知る友人たちは言っていましたが、もうすでに五月、どこにも桜は咲いていませんでした。ところが蔵から歩いて五分ほどの今井家の墓地には、なんと「四季桜」が咲いていたのです。納骨に立ち会った友人たちは口々に、「やはりな〜」。

「蔵を頼む、昌平を頼む」が遺言でした。今は蔵の経営も順調で、去年よりもっと良い酒を合言葉に「ひとの和で醸す四季桜」をスローガンに掲げて、量ではなく品質で勝負の酒蔵となっています。初めて会ったとき小学校1年生だった昌平君も東京農業大学醸造科を卒業後、株式会社熊本県酒造研究所で萱島昭二先生のもとで修行。今は専務取締役と杜氏を務めています。その酒造りの姿勢は「往時の今井源一郎」を彷彿とさせる「酒造りの鬼」です。たいしたお手伝いはできませんでしたが、もう大丈夫！　源一郎さんとの約束は果たしたと思っています。

私は大勢の蔵元さん、杜氏さん、蔵と深いかかわりを持つ大勢の方々とお会いし、多くのことを教えられ、啓発されてきましたが、一番思い出が多く、印象深い人物のひとりが今井源一郎さんでした。いずれあの世でお会いするのが楽しみです。胸を張って会えるかな〜

古川董《ただす》先生との思い出

（16号／1989年11月掲載）

「故人は、70年にわたってお酒造りに人生を捧げ、本人なりに満足な人生を送ったと思います。生前、もし僕が死んだら僕の造ったお酒をみんなで飲んでくれと言っておりました。そちらに用意してありますので、どうぞ故人の遺言ですから召し上がってください」

というご挨拶がありました。

庭には『木戸泉』と『岩の井』。10月27日、九十九里町片貝のご自宅で古川董先生のお通夜が営まれました。行年94歳。昔、大蔵省の技官（酒造）をされ、定年退官後は大原の『木戸泉』と御宿の『岩の井』を指導され、木戸泉では古酒で、岩の井では吟醸酒で、両蔵の顧問として特異の世界を築かれました。

2年ほど前に、脳内出血で倒れられご自宅で療養生活を送っておられましたがついに帰らぬ人となってしまいました。今年の夏に、お見舞いに家内と一緒に伺った時も、開口一番

「僕はやはり大蔵省の指導がいかんかったと思う」

「先生、そんなことをいいですよ。先生がいいお酒を造り、消費者が喜んでいる。これでいいじゃあないですか」

いつも熱っぽい口調で話されるお若い先生でした。いつも日本酒の将来を心配され、口癖は「二十一世紀の日本酒は？」でした。

「庄司君（木戸泉の先代社長）とオールド（古酒の『古今』のこと）を完成させた。一緒にヨーロッパにこの酒を持って、かの国の人たちに飲ませようと思っとったんだが、庄司君が死んでしまった」

「オールドの後はフレッシュな酒、これもできた」

これが、酒の神様坂口謹一郎先生に歌を詠ませた『白玉香』でした。フレッシュな酒というのは、最近よくみかける若くて熟成不足の酒とは次元の違う酒です。一高の寮歌にでる「玉杯に……」の緑酒です。傾けると時として、光線のかげんで緑色が現れることがあります。しっかりとした「昔の灘の酒造りの技法＝山廃造り」から生まれた生酒でした。

「狙っている苦味は、5月の銚子沖で捕れる小さなサンマのわたの苦味、甘みは、たまねぎの甘み。酒の色は、色ではなくて光。美味しい酒には美味しい色があるはず、日本酒の色はなんだろう、オールドの色は茜さす夕日の光じゃった」

と仰っていました。

こんなこともありました。唎き酒をさせていただいた時、

「君ぃ、そんなに酒の臭いなど嗅いでも酒などわかりゃせんよ、わしらの若い頃は銀座ですれ違った女の香水を利き当てたもんだ」

と、常日ごろから官能を鍛えろと。また
「酒はもう飲めないというところまで飲んで、翌朝の酔い覚めまでみなけりゃ……」

他にも数えきれないくらいたくさんのことを教えていただきました。歳に不足は……という方もおられるかも知れませんが、本当に残念です。今はご冥福を祈るばかりです。

思い出といえば、こんな話もありました。先生がまだお若く、技官として東北の酒蔵さんを巡回指導されていた頃、今は有名な仙台の酒蔵さんでのことです。

「息子さんが東京の大学に行っとったが、女中付きの一軒家だよ。おばあちゃんは、踊りとペンシャン（三味線）が好きで、瑞巌寺の浜に紅白の幔幕を張りめぐらして、仙台中の芸者を集めてペンシャンしとったが、蔵に入ってみると、酒の何本かは腐っとった、しか

し、あの蔵では金があるからそんなことなど何ということもない。いやいや大変な金持ち蔵だった」

明治から大正の頃の話だったと思いますが、お酒造りは偶然の幸運を期待するところが多く腐造が多かったのです。醸造試験場の研究により酵母菌の存在もやっと判ってきて、優良な酵母菌の純粋培養がなされ、技官の巡回指導で多くの酒蔵さんが「腐造」から救われ、技官は神様のように尊敬されたと聞いています。まあ普通の蔵では、腐造は命取り、たくさんの蔵が倒産しています。

岩瀬禎之さんとの思い出

――書き下ろし――

もうずいぶんと昔のことなので、いつどこでだったかは思い出せませんが、岩瀬禎之《よしゆき》さんとの出会いは「日本吟醸協会」の会だったと思います。まだ全国的な「地酒ブーム」にはなっていませんでしたが、他にも「純粋日本酒協会」とか「本醸造協会」みたいな酒蔵さん方の団体が誕生していた時期でした。会場内のたくさんあるブースの中で熱っぽく入場者に説明している小柄なご老人が禎之さんでした。

何回かお会いするうちに「一度蔵に来なさい」と声をかけられて夏の時期に御宿を訪問しました。あまりの暑さに「水をください」と言ってしまって後悔しました。なんとお盆に4つのコップが出てきてしまったのです。運良く仕込み水を喇き当てられて、ことなきを得ましたが、テストが酒ではなくて水というのは、あとにも先にもこの1回でした。

お酒の話の時は、とても真剣な面持ちで「どうだ、どうだ」という感じ。

酒蔵のご当主は『酒造の鬼』と営業専門の「夜の帝王」の2つの形があるように思いますが、若き頃の禎之さんの写真は、常に白衣を着用してさまざまな実験と工夫、杜氏はその指導を仰ぎながら現場の仕事をこなしてきたという感じです。外出先から戻ってきても、自宅に入るのではなく真っ先に麹室に飛びこんでいったと聞いています。

総理大臣も務めた池田勇人さんが、大蔵大臣時代に禎之さんと出会い、深いおつきあいが生まれ、「私が死んだら会葬者に実家の酒と『岩の井』を出してくれ」と遺言されたそうです。

酒造りの姿勢が伝わる熱っぽさが人を引きつけます。この研究熱心な酒蔵からは大勢の杜氏が巣立ちました。中には灘の大手メーカーの杜氏になった方もいました。蔵の隣にある菩提寺に岩瀬家歴代のお墓が並ぶなか、違う名字の墓がいくつかあります。この地で亡くなられた蔵人さんのものだそうで、酒造りに熱心な蔵元の厳しい指導とは別のおおらかな優しさの一面がうかがえます。それも昔から大勢の人たちの生活の面倒をみてきたお家柄ということでしょう。

岩瀬家は、代々「北の旦那」と呼ばれる土地の有力な庄屋兼網元だったのです。400年前メキシコ（当時のスペイン領）の軍艦が御宿沖で遭難した時、御宿の海女たちが海に飛びこみ、人肌で温めて317名の船員達を蘇生させた話は有名ですが、この指揮を執ったのは、当然ながら「北の旦那」家です。

この軍艦の帆柱は400年経つ茅葺きの母屋の梁に使われています。海女の漁を収めた写真集『海女の群像』も庄屋の若旦那であったから撮ることが可能だったのでしょう。写真の話の時は、お酒の話の時とは別の表情で「この時は運良く……じゃった」などと情景を思い出すように話されていたのが思い出されます。

難波康之祐先生との思い出

――書き下ろし――

私が難波先生と初めて言葉を交わしたのは、もう20年くらい前のことになるでしょう。今は廃業した川越の銘醸蔵「鏡山酒造」を訪問するために、東上線の川越駅から酒蔵まで歩いているときのことでした。商店が連なる一本道で20分ほどの距離。同行者は20名くらいでしたが、次第に行列は長くなり、気がつくと私が難波先生と二人並んで歩いていました。

大変な学者さんと聞いていましたので、お声がけするのもためらわれましたが、無言で歩くのもと考え、質問をしました。「活性炭のろ過をかけたお酒はなぜ劣化が早いのでしょうね」。こんな内容だったと思います。「それはたくさんの穴の中に空気が入っていたせいですよ」と明快なお答え。こんなに分かりやすく話される方なんだという印象を受け、堅苦しいイメージは消え去りました。

このときの同行者は、笹舟会のメンバーで、この会は、故佐藤總夫先生が良酒を守るために立ち上げたものです。難波先生は、メンバーというよりは顧問のような感じで、私が尊敬する佐藤先生もたびたび難波先生に質問をされておられました。

難波先生は、この頃には鑑定官の職を辞され、女子大学の栄養学の先生をされながら、秋田県・山形県の各酒造組合、「菊姫」、「春霞」、「上喜元」の技術顧問もされておられましたから、先生と笹舟会は多分菊姫さんを通してのおつき合いであったろうと思います。

お酒を飲むこともお好きな先生でしたが、私と先生の選ぶ「好きな味の酒」もだいたい一致していました。「アル中学」の目的をお話ししたところ「お手伝いしましょう」とアル大学の開講を快くお引き受けいただきました。当初アル大学は同窓会主催で行われ、総評会館を教室にして50名ほどの規模で開かれていました。その後、学園主催となり、場所を神田和泉屋に移してアル中・高と同じ12名規模の教室となりました。

新教室での難波先生の講義は、以前と同じ内容でも、再入学の生徒さんから「とても分かりやすくて新鮮」という感想がもたらされ、大教室では伝えたいことも伝わらないのだということを実感。多くの偉人を輩出した松下村塾が八畳間であったことは偶然とは思えないと感じたこともなつかしい思い出です。アル大学卒業生は400名を超え、多くの再入学者を数えると延べ人数は大変な数になります。大勢がお世話になりました。

先生とのご縁はこれだけでは終わりませんでした。技術顧問をされていた「菊姫」、「春霞」、「上喜元」は、神田和泉屋でも取り扱いのある酒蔵ですし、私の息子が在籍した東北大学大学院の研究室が先生の出身室であったこともあって、さらに親しくさせていただき、東北の酒蔵を巡る修学旅行などにもご一緒していただきました。

その他、「大雪渓」(長野県)や「木戸泉」(千葉県)にもご一緒していただいてご指導もいただきました。「大雪渓」では「尻を軽くする」という三段仕込みの仕込み配合に変えることによって、長野の酒にありがちな酒の重たさを解消。「木戸泉」では、毎年の酸の減少を元に戻すために「酵母の添加時期を遅らせる」ことを指導。他の蔵では酸の減少は歓迎でしょうが、木戸泉は古酒を造る蔵ですから、必要な酸は十分に出さなければなりません。脇で聞いていて「なるほどなるほど」の納得でした。

もっといろいろ教えていただきたかったのですが、今、手元に残るのは、先生のアル大学講義の録音とレジュメだけです。とても残念ですが、おかみさんが、先生のために、毎回アル大学で喜んでいただけるよう作った料理を「美味しい」と召し上がっていただいたことが、せめてもの慰めです。

難波康之祐先生1月30日ご逝去。謹んでご冥福をお祈りいたします。

偉大なケラーマイスターとの思い出

原題：偉大なケラーマイスターの死
（94号／1996年5月掲載）

ドイツでは、どんな仕事に就くにも資格が必要といわれています。日本では学生のアルバイトになっているレストランでのウェイター、ウェイトレスも職業訓練学校を出ていないと雇ってもらえません。

ワイン造りの資格はもっとたいへんで、自動車技師と同様にマイスター（親方）の資格をとらなければなりません。ベンツの会社でもコンピューターで精巧に加工されたシリンダーの内部の壁に熟練のマイスターが指を這わせて「ここを少し削れ」と指示、結果パワーがアップしたとか。カメラレンズの世界でも、最後はマイスターが手のひらの感覚を活かして磨き上げ、日本製のレンズの写りすぎ？とはひと味違った「人間の目のようなボケ味」を出しています。

ワイン造りをするためには、ぶどう栽培とワインを造る「マイスター」の資格をとらなければなりません。これは自慢のできる公的な資格で大勢の若者が取得のために勉強をしています。しかし、この資格はあくまでも「資格」であって、「美味しいワイン」、言い換えれば自分自身を表現する「人柄を感じさせるワイン」を造るにはこの先のたいへんな研鑽が必要となります。それも努力だけでは達成できない「人生観」「哲学」のような自分自身を高めるような何かが必要なように思われます。余談ですが、「ソムリエ」というマイスター資格は存在しません。似たようなものがあるとすれば「職業訓練学校」のウェイター卒業というところでしょう。

3月末に、ラインガウの小さな村ロルヒでトロッケン（辛口）ワインだけを造り続けたオットー・トロイチェさんが老衰でなくなられました。壁にはクロスター・エーベルバッハ（エーベルバッハ修道院）の「鍵」が掛けられていました。この修道院のワインの管理を命じられていた3人の僧侶が司教の食事にあわせるワインを選ぼうとして、地下にある特別なワインを置くシャッツカンマーで唎き酒をした時のことです。ある一人は「金属の味がする」、もう一人は「いやいや、これは皮の臭いだ」、そして「違う違う、これは木の臭いだ」と意見が別れ、樽の中を点検したところ木札のついた皮袋に入った鍵が見つかり、この3人の唎き酒の確かさに人々が驚いた話が伝えられています。この故事にならい、その後ワイン造りに貢献のあった人に、この「鍵」が授与されてきました。

この鍵は世間に認められた偉大なマイスターの勲章でもありますが、このオットーさんの造り上げたワインの世界は、本来のドイツワインであるトロッケンの中で見事なまでに豊かさとやさしさを表現したものでした。彼の精神は孫のアルネ君によって受け継がれ、オパ（おじいさん）に教えられたワインが造り続けられています。オットーさんのご冥福を祈るとともに精神がいつまでもワインの中に生き続けることを願ってやみません。

column

コラム　そばとの出会い

私の日本酒の先生、早稲田大学名誉教授の故佐藤總夫先生は大のそば好きでした。常々、

「七歳のころ愛媛で食べたそばの味が忘れられない」

と、仰っていましたが、幼いころによほど感動するようなそばとの出会いがあったのでしょう。

「ほら、ごらんなさい、横田さんが早くいらっしゃらないから、店がなくなってしまいましたよ」

以前からたびたび

「(東京) 南長崎に『翁』というそば屋があります。一度食べておきなさい」

と、言われていましたが、神田からだとなんだかんだで小一時間かかることもあり。つい行かず仕舞いとなってしまいました。ところが、その半年くらい後に、

「秩父の『こいけ』というそば屋で翁さんがそばを打つそうです」

と、秩父に実家のある社員から情報が入りました。早速に佐藤先生にお声かけしたところ、是非にということで、ふたりで参加することになりました。ある程度の規模の「そば会」を予想していましたが、「こいけ」に着いてみると、呼ばれていた客は、私たちふたりだけ。膝を突き合せての少人数ということもあって、たちまちに「翁」の高橋邦弘さん、「こいけ」の小池重雄さんと意気投合、そば談義、酒談義に時の経つのも忘れる楽しい時間となりました。「そば」も今までに食べたことのない感動的なものでした。その後、ご一緒いただいた佐藤先生のお仲間「笹舟会」の皆さんも、「こいけ」のそばを口にして、一様に感動！

「今までそばと称していたあのヌードルはなんだったんだ！」

と、感動を表現された方もおられました。

この「そば会」以来、この名人おふたりとは長いお付き合いをさせていただいています。小池さんには、お酒の学校の遠足として「そば打ち見学」を長いことお受けいただきました。のし棒にかかる直前のそばの玉は大吟醸の蒸米とほぼ同じ水分含有量、ひと月かかる酒造りの現場見学は「その一瞬」の見学ですが、「そば打ち」見学は目の前で酒造り工程と共通するものを短時間で見ることができます。そこから発展して、小池さんの同級生

column

で地元小学校元校長先生であった新井誠さんのご自宅裏の畑をお借りして、土に親しむ「そば栽培」も、私たちが「畑のお師匠さん」と呼ぶ小池さんと新井さんの同級生の方々の指導を受けながら、長年させていただきました。さらに神田和泉屋で預かった25名の研修生のうちのひとりが、秩父神社前の朝日屋酒店の息子、彼が新井校長の教え子であったという偶然もあり、さらに秩父でのひとのお付き合いが広がりました。

「翁」の高橋さんは、東京南長崎のお店を閉店後、そば畑の近くでそばを打ちたいと、山梨県小淵沢に店を出しました。開店は4月だったと思いますが、私が訪問できたのは5月の連休。細い田舎道が渋滞していましたが、原因は「翁」に向かう東京からの車でした。その後もずっとこの状態が続き繁盛していましたが、数年後、すぐ近所に東京の保養所が建てられることとなり、この環境の変化を嫌って弟子に店を譲り、ラブコールのあった広島の山奥の町に移転。ここでも一日限定三百人に対し、朝8時から客が並ぶ繁盛。頼まれてもいないのに、地元の人たちがボランティアで早朝から車の誘導整理をしてくれています。こころに響く「そば」に人が集まります。平成27年5月でここも閉店し、大分県に引っ越され、今後は予約のみの営業を来春から再開とか。体力維持のために毎日欠かさぬ筋トレを続け

column

ておられますが、生涯そば屋でいたいために年齢を考えての労働軽減策としての移転でしょう。

5月に神田和泉屋で百二十人参加の神田和泉屋学園同窓会主催の東京での最後の「そば会」が開かれましたが、そばに感動のあまり涙を浮かべるひとが続出。酒もこうあって欲しいものです。ひとの心を和ませ勇気づけるような民族の酒であって欲しいと思います。

気づいたことがあります。小池さんは極力十割そば、そば粉の出来の悪かった時も、できる限り「つなぎ（小麦粉）」を少なくしています。高橋さんはと言いますと、見事な十割そばも打てるのに「やはり喉ごしが良い」とつなぎを入れたそばを打っています。小池さんに納めさせていただいているお酒は「純米酒」、高橋さんに使ってもらっているのは「本醸造酒」です。ご自身の舌で選んで自然とそうなったのでしょうが、筋が見事に一本通っています。

3　お酒の学校を開校

最近感じること

（208号／２００5年11月掲載）

全国新酒鑑評会もバイオ酵母のお酒が花盛りで、名のある銘醸蔵の出品辞退があいつぎ、もはや全国よりその前段階の国税局の鑑評会の方が、よほど結果が尊重される事態となっています。しかし、一方では実力のない酒蔵にとっては、バイオの酵母さえ使えば普通酒の酒造技術で金賞がとれるというありがたい時代ともなっています。

こんな事情の中で受賞した酒蔵からの売り込みが神田和泉屋にもかなり頻繁にあります。一時期は「敷居が高いらしい」という風評が酒蔵さんの間に流れていたらしく、売り込みはなかったのですが、その時代を知らない新しい（？）酒蔵が知名度のある小売店に攻勢をかけているという図式のようです。

消費者と接する地酒小売店は、本来仕事として「良酒を見極め、勧める」のが本当なのに、残念ながら勉強不足からか、あるいは売れるが一番！と考えてか？　情けないことに不出来なお酒を新商品として売ることに力を入れています。次から次へと「新商品」が誕生してくれないとやっていけないのが力のない小売店の実態です。

先日、学園で買い集めた有名地酒蔵の「冷やおろし」を開栓、何人かの方は神田和泉屋のお酒との差に触れたコメントがありましたが、大多数の方は残念ながら無言でした。無言がどういう意味かはよく分かりませんが、最近は中国の格言のごとく「人莫不飲食也　鮮能知味也」（人、飲食せざる莫《な》きなり　能く味を知る鮮《すく》なきなり）を実感する場面が多くあります。見方を変えてみれば「酒は従であり人との会話が主である」と言えないこともありませんが、学園生にはその差を分かろうとする姿勢が欲しいものです。最近の学園の空気の「勉強よりも仲良し宴会仲間作り」もこのことと無関係とは思えません。

「目明き千人、めくら千人」と言うと今は差別用語になってしまいますが、20年以上の昔、校長の横田のお酒の先生に「あなたはどちらを相手にご商売をなさるつもり？」と尋ねられ、その結果、神田和泉屋は数の圧倒的に少ない「目明き」を対象とする地酒小売店の道を歩み始め、お酒の学校もひとりでも多くの日本酒の「目明き」を増やしたくて開講してきましたが、今「日暮れて道遠し」の観が否めません。

学園創立20周年に寄せて

（220号／2006年11月掲載）

今年、神田和泉屋学園は創立20周年を迎え、10月21日（土）に神田明神会館で祝う会が開かれました。当日は晴天下、九州や東北などの遠方からの酒蔵さん、江戸火消し五番組の頭《かしら》なども参加して総勢180名のにぎやかな会となりました。

午後4時15分に学園同窓会役員、企画委員、校長、おかみさんが頭の木遣《きや》りの中を神職の先導で昇殿、祝詞奏上と参拝。祝宴は定刻通り5時に開会。同窓会会長挨拶、頭の木遣りの音頭で鏡開き、難波先生のご発声で乾杯。校長が司会者とともに会場を回り蔵元紹介と出会った頃の話を披露、酒蔵さんからもコメント……、司会者のインタビューに答える形で進められましたが、昔を思い出し感無量でした。祝宴は最初から最後まですべて日本酒。一人3.3合のお酒がきれいに空いた頃、頭の木遣りで同窓会副会長の手締め。多くの方々の参加と関係者の実施に至るまでのご準備に感謝申し上げます。

誰にも氏神様はあると思いますが、神田明神は校長とおかみさんにとって縁の深い神社です。当時はまだ巡り会っていませんが、明神下で生まれたおかみさんも、今の神田和泉屋の場所で生まれ育った校長も「初詣」はこの神社。息子や娘、そして孫達もすべての神事はこの神社。結婚式、七五三、お祭り……、「神社といえば神田明神」の二人です。

どの国のお酒も神々の存在なしには語れません。西洋でも「赤ワインはキリストの血」と呼ばれ、教会での儀式には欠かせないものですが、日本でも神前に日本酒を供えます。想像するにワインの国では、本当に良いワインを口にしたときには、聖母マリアに抱かれたような安心を感じるのでは……、美味しいとは別に感じるものがあるのでは……、と思っています。良い日本酒（米の酒）は農耕民族の日本人の心に、神社にお参りしたときと同じような安らぎを与えると感じるからです。

そのお酒たちを愛でるとき、ワインでは安らぎの気持ちを詩のような言葉で表現したりします。日本酒ではどちらかというと欠点の表現が多く、誉め言葉も詩のような美句はとんと聞きません。最近はやりの点数付けも、ワインでは良いところを見つけて加算、100点中86点など。日本酒ではワインとは逆に欠点を加算、1を最高点に5点法をとっています。しかしワインの100点法を単に逆順にしているわけではありません。色は何点、香りは何点、味は何点…などを合計していません。どうやら日本人は日本酒をひとりの人間または造り手の魂を写すものととらえ、これがなければなあ……と失点を加算するという感じです。背が低くちょっと太め、顔の造作も美人とは言い難し、しかし愛嬌があり、同席の皆をなごませる、こんな人もいるわけです。はたしてこの人は落第点？　私は120《注》点を付けます《おかみさんのことではありません》。

最近は日本酒でもワインのような点数で評価する、プロファイル法が全国新酒鑑評会でも採用されています。しかし、プロの鑑定官の先生方もその方法で審査しながらも総合点は、従来通りの全体像を見る方法で出しているので、足し算が合わない（笑）。やはり鑑定官の先生方も日本酒の世界に生きる日本人なのです。

点数化して比較しやすいようにするよりも、その日本酒が自身にとってどうなのかを数字に置き換える、私はこのことがとても重要なことと思っています。常々こんなことを思っている校長ですが、これからも日本人が日本人らしさを失わないように、日本酒を通して日本の心を語るような授業を続けたいと思っています。

自画自讃の誕生

（222号／2007年1月掲載）

12年前から岩瀬酒造さんの蔵内で酒造りの体験をさせて頂き、今は「自画自讃」の名前で山廃純米酒桶一本を製造。同窓会会員、在校生に頒布しています。

校長と「岩の井」蔵元岩瀬さん、前杜氏の菊地幸夫さんとは30年のおつき合い。おつき合いが始まった頃の蔵元は現社長の父上の禎之さん、400年も続く名主、そして網元の「北の旦那」。村人海女の生活を守り、海女の写真を残したことで有名ですが、醸造の先生方にも「酒造りの名人」と評価された技術と情熱の方でした。さまざまなお酒の会でたびたびお会いし、年齢の差を超えて親しく酒談義をしたことが思い出されます。隣町の大原の「木戸泉」さんとは「滑らかな肌の酒粕」がご縁で繋がり、そこでお会いし、その後親しくお教えをいただいた片貝の名主「東の旦那」こと、元鑑定官の古川董先生が退官後、両蔵の指導に当たられておられたことから、先生の後押しもあって両蔵とはさらに深いおつき合いとなり現在に至っています。

その後、神田和泉屋は1987年に「アル中学」を開講。授業の仕上げとして酒造りの実際を見学する現場として、対照的な造りの両蔵を訪問することになり、外房の酒蔵見学は神田和泉屋学園創立以来の行事となり、毎年冬に学園生徒と訪問してきました。

そして1992年同窓会の設立。会員の希望からお願いして、ついに「酒造り体験」が実現、今日まで続いています。「大吟醸の米洗い」は「洗いの不完全さ」が心配となり、この作業は辞退させていただきましたが、杜氏さんのご好意で、お酒のできに大きな影響がある、さまざまな作業をやらせていただいてきました。長いおつき合いの杜氏さんとの信頼関係に立った、とうてい他の酒蔵さんにはお願いできない酒造り体験です。

そして今回、その菊地杜氏さんが御高齢で勇退、新杜氏として山廃のベテランの南部杜氏谷藤忠生さんが入蔵、すべての蔵人が入れ替わりました。杜氏が蔵に慣れるのには約3年と言われていますが、蔵元からは「今期の酒造り体験は、蔵人も慣れていないのでご遠慮いただきたい」とのお申し出、当然のことなので了解。しかしご挨拶にだけは伺おうということで先月12月3日、校長、おかみさん、同窓会役員らで蔵を訪問しました。

新杜氏さんにかかっているプレッシャーは想像以上で「名杜氏菊地さん」が重くのしかか

っていました。酒造り体験の復活に首を縦に振らないかもしれない杜氏さんの固い雰囲気。しかし時間の経過と共に空気が変わり、「体験では米洗いも？」などと聞かれたり、この日に行われた「自画自讃」用の山田錦の精米に参加させてもらえたり、新蔵人の中に校長が親しくしている「四季桜」の杜氏さんの下で15年働いた人もいたりして、なんか良い感じ。あるいは駄目と言われた今期も小規模に実施が可能か？という空気。

後日、恐る恐る蔵元に改めて小規模体験を相談しましたところ、「邪魔であれば直ちに撤退を条件の酒造り体験」が了承されました。体験班は役員会で人選をして構成、翌年に繋がる蔵人と同窓会の信頼関係を構築することとなりました。

――気持ちも新たに――

早朝5時、まだ暗いうちから寒気の中で経験する酒造り体験。

「酒造り体験してはじめて、お酒は一滴も無駄にできないと思いました」

という新鮮な感動はあるものの、数回の参加で互いの名前も知るほどになると、往々にして気のゆるみが出る恐れもあります。先代の父が、

「人が入った後の便所は臭いが、すぐに鼻が慣れてしまう。気をつけねばならぬ」と言っていた事を思い出します。親しくなるとその人の偉さが次第に分からなくなり、自分と同じレベルに思えてしまうという意味です。どんな偉人も女房殿には尊敬されない？ という感じ。酒造り体験も毎年参加すると、そういうことが起こる危険（落とし穴）が常にあると言えます。体験では、なんの目的のために参加しているのかを常に思い起こす必要があります。

新杜氏さんは「基本に忠実な酒造り」を身上とするとてもまじめな方です。杜氏さんの交代という今、酒造り体験に参加する方は、気持ちも新たに、教えを請う態度で、「真摯な酒造現場」をしっかり体験して、まともな日本酒を後世に残すための「ものを言う消費者団体（同窓会）」の一員に育っていただきたいと思います。

アル高校1期生修学旅行　1989年1月15日（下田信夫氏画）

第二章　日本酒の話

旧木造店舗時代、遮光のための新聞紙の変色具合で日付管理をしていました。

1　日本酒の1年

春

節分と菊の節句

（79号／1995年2月掲載）

「鬼は～外、福は～内」の声も最近は聞かれなくなりましたが、2月の3日は節分会《せつぶんえ》です。毎年、地元の氏神様の神田明神で、豆を壇上から撒かせていただいていますが、良くない運勢がこれで変わるという縁起を担いで、神田和泉屋関係者がたくさん参加して、ここ数年今や1グループとしては最大派閥（?）となっています。この行事は西洋からきたカレンダーとは違う日本独特の暦にしたがった行事です。長い日本の歴史の中で中国文化などの影響を受けながら独特の行事が暦の柱となっています。

そう言えば不思議なことがあります。日本の五大節句です。これも何かの節目のことのようですが、今は元旦、雛祭り、子供の日、七夕、菊の節句と呼ばれている日ですが、祝日であったりそうでなかったりしています。奇数の重なった1月1日、3月3日、5月5日、7月7日そして最後が9月9日。一年間を等分するならば、9月で終わらずに11月で締めくくればよさそうなものですが、9月からの4カ月間には節句がありません。不思議なことというのは、毎年感じることですが、9月9日の菊の節句を境にお酒が美味しくなるということです。俗に「冷やおろし」などと呼んでいる新酒の売出しも、山から冷たい風が吹いてくるこの時期からです。この年の3月くらいまでに造られたお酒が、夏を越して熟成が進んで美味しくなる時期です。「なんだ。熟成に必要な時間の経過がちょうどその時なんじゃないか！」と言われそうですが、ちょっと違うのです。瓶に詰まった前年度のお酒も9月9日から美味しくなるのです。それまではお酒がつぶれたようにふくらまず美味しくないのです。梅雨時からこの日まではどうも美味しいと感じることがなく、まるで谷底の状態です。そして秋も終わり12月の20日を過ぎるあたりから、また谷底ほどではありませんがほんの少し調子をくずします。お正月を控えてふだん日本酒を飲まない家庭でも用意する時期ですが、ベストな状態の時期ではありません。そしてこの状態から立ち直るのが2月3日の節分です。いったいなんなのでしょう?

しかし、うまくしたもので、お酒が力を失う冬の時期には「生の原酒」がありますし、梅雨時盛夏時の谷底には「初呑切り原酒」があります。

（67号／1994年2月掲載）

生の酒

2月にもなりますと、酒蔵さんの中は緊迫感がただよい、お酒造りの真っ盛りの時期です。昔からお酒は「寒の内」と言われていますが、雑菌の動き出さない寒い朝の時間に仕込みが行われます。この寒いという条件が一番整った今時分が、大吟醸酒のような高度精米のデリケートな高級酒の仕込まれる時期です。吟醸酒だけではなく純米酒や本醸造酒でもその蔵の看板のお酒（経済酒が看板の蔵も増えました）はだいたいこの頃に仕込まれます。

わがままな?消費者や酒の小売店が、今搾ったばかりのそのタンクのお酒を飲みたいとだだをこねて、出荷していただいたのも昔の話。今はほとんどの酒蔵さんが生酒を定番商品として売り出しています。12月頃から始まり、次第次第に上級酒へと搾りが移って行きます。その時々の酒造りの様子が伝わるようで、特に特定の酒蔵さんのファンになっている人にとってはたまらない愉しさです。しかし、中には商品としての生酒をそれ専用の仕込みタンクに用意している酒蔵さんもありますから、その時々の酒蔵さんの息吹が伝わってくると言うわけにはいかないことも増えてきています。

上級酒の生と言えば「大吟醸酒の搾り立て生」が最高のはずです。ところがこの搾り立ては飲んでみると美味しくない！　中吟醸酒くらいまではなんとかなりますが、どうも普通のお酒の方がだんぜん美味しく、炭酸がピチピチした状態が新鮮で美味しく感じられます。大吟醸酒は麹も固く固く、蒸米も固く固く、精米を良くすればするほど蒸米も酒も固くなる感じです。やはり大吟醸酒は、生で飲むのではなく火入れをし、充分に時間をかけて熟成させてはじめてあの良さが出るのかもしれません。

――原酒と割水の生酒――

夏に売り出される生酒と称するものは、お酒が変化してしまっていてあまり感心したものがありません。「寒ぶり」を夏まで冷凍してとっておくようなものです。生酒は冷蔵庫（氷温庫でも）に入れてもそのままの状態を保ち続けることは無理なことを何回かの実験で経験しています。

生が美味しいのは今の時期だけです。その生酒にも2種類があります。原酒と割水したものです。通常この時期は原酒規格が普通ですが、飲みやすさを求めて割水したものも多く出ています。まれには割水をしたことによってさらに美味しくなるものもあります。最近はヤコマンを入れ生酒の雰囲気を強化したインチキもありますのでご注意。

「無ろ過」と表示された生酒もあります。白く濁って見えるオリを沈殿させただけで、ろ過をしないまま瓶詰めしたものです。よく見ると瓶の底にオリが溜まっていたり、お酒そのものがうるんでいたりするように見えます。味の豊かさではろ過されたものより優れています（良いお酒の場合ですが）が、冷蔵庫に入れておいても、ものによっては15日間が賞味期限です。たまに5月6月になってもこの無ろ過を自慢そうに販売している小売店や飲み屋さんを見かけますが、なにを考えているのかわかりません。

風邪引きもろみ

原題：生の酒
（91号／1996年2月掲載）

極寒の時期の2月に入って、どの酒蔵さんでも吟醸酒などの上級酒の造りとなると、この時期の天候気温に一喜一憂するようになります。

特に雪の多い地区では雪が積もることを前提に酒造りの技術が積み重ねられてきています。ですから最近のようにあまり雪が降らない現象が続くと、たいへん困ります。すっぽりと雪に埋もれてしまえば、昼夜の温度差が少なくなりますが、そうでないと放射冷却などということも起こり、仕込みタンクの温度管理がたいへんということになります。

酒造りのロマンを描いた映画が上映されたと聞きました。杜氏さんがお酒の温度が異常に上がるのを止めるために、蔵の壁をぶち抜いて雪を運び込んだなどという場面があったそうですが、雪を運び込むことはともかくとして、壁を破るなどということはとうてい考えられません。開けてしまった穴はその後どうしたのでしょうか？　酒蔵さんでは大きな建物の中にたくさんの仕込みタンクを設置していますが、戸口に近いタンクは戸の開けたての度に外気の風にあたり、俗に「風邪引きもろみ」などと呼ばれるひ弱なものとなることが多いようです。穴を開けるなどということはその場しのぎの暴挙と言えます。

まぁ意気込みを表現するためにそのようなストーリーにしたのでしょうが、なんとなく「だから雪のないところでは良いお酒ができない」と言っているようにも感じられます。

雪が酒造りの必要条件ということではありませんが、お酒造りは寒の時期に造られ、上級酒はさらに極寒の時期である今時分に造られます。寒さが必要条件といえます。雑菌の動きが鈍くなり、また温度管理が容易、というより昔は空調設備などというものもなかったので、温めるのは簡単でも冷やすのはたいへんということで、一番寒い時に上級酒の仕込みということだったのだろうと思われます。

賀茂鶴たる酒量り売り

生酒のいろいろ

（91号／1996年2月掲載）

今は「しぼりたての生」が次々に出荷されていますが、生だったらすべて美味しいとは限りません。当然ながらできの悪いお酒しか誕生しない酒蔵からはまずい生酒しか誕生しません。なかには「生らしさ」を強調するあまり人工的な香りつけの「ヤコマン」を添加している生酒や馬脚を隠すために活性炭素ろ過を過剰にかけた生酒などもあります。こんなできそこないの生酒は論外としても、できのよい生酒にもちょっと気になることがあります。

フランスのボージョレー・ヌーボをご存知ですか？　ボージョレー村のワインには通常のワインと新酒で売るものとがあります。本来は、ワインの産地で「酒ができた！できた！」と農民が喜んで、できたてのワインをお祭りで飲んだと言われています。ドイツでもフェダーヴァイスという名前で10月頃に町で売られたり、ワインフェストなどと銘打ってお祭りが開かれ、浴びるほど飲まれます。もちろんすべての樽のワインを飲んでしまうのではなく、大部分は1年とか、中には赤ワインなどは10年も熟成貯蔵させてから売り出すものもあります。

ボージョレー・ヌーボもきっと昔はそんな感じだったのでしょうが、今はヌーボで売られる分は、密閉タンクに炭酸ガスを吹き込んで、中のぶどうジュースが、短時間にワインになるようにし、また赤いぶどうの色素がアルコールで溶かし出される時間も短縮し、種などからのタンニン（渋み）がワインになるべく出ないようにします。すると色は充分に出ていても苦味の少ないワインができあがります。これが軽快さから大当り！　では残ったワインを1年とか寝かせたらどうなるかといいますと、たぶんどうにもならないワインとなってしまうのではないかと思われます。酸も少なくタンニンもないとなると、とても時間の経過で良くなるとは考えにくいからです。

日本酒のしぼりたて生酒にも、最近は同じような発想のものが見られます。最初からこれは生で売ることを前提に造られているお酒です。まぁそれでも美味しければ何の文句もないのですが、どうも心打つ生酒はこの中には見当りません。その時どきの仕込みタンクから少量ずつ抜き取って詰めていただく生酒は、蔵の今の雰囲気までもお酒に感じることができ、思いは酒蔵の屋根の下に……。

さて、そんなしぼりたて生酒にも「オリ引き前」「無ろ過」「ろ過」「加水」などというのがあります。搾られたお酒は酒粕の細かい成分を含んで、ちょっとうるんだ状態となっています。これが「オリ引き前」、2日も放置するとオリが沈み「無ろ過」の状態、この2つは変化しやすいものがお酒の中にたくさんあるために、変質を避けるために「ろ過」、そしてさらに20度もあるアルコール度数を加水して普通のお酒と同じくらいにした「加水」の生酒、といった種類です。

（164号／2002年3月掲載）

大吟醸の生酒

「春一番」の話などが出る頃になると、もうほとんどの酒蔵さんでは酒造りが終了し、火入れ殺菌などの作業をしている時期です。大吟醸造りは一番寒気の厳しい時期に行われ2月3月には搾られます。「ぜひとも大吟醸酒の搾り立てを飲んでみたいものだ、素晴らしく美味しいものだろう」などと漫画で紹介されたりしたこともありました。ところがこの最高の技術を駆使した大吟醸酒の搾り立てというのはギスギスした感じで美味しくありません。火入れをし、秋までの熟成を待って初めてあの感動する美味しさが出てくるもので、生酒としては純米酒や本醸造酒などのほうが数段美味しく楽しめます。精米を進めれば進めるほど、できるお酒は固く、熟成に時間がかかります。最近の大吟醸酒の精米は40～35％になるまで周りを削り落とすせいでしょうか、飲み頃を迎えるのがどんどん遅くなっています。それと比例してどの大吟醸酒も生の状態では美味しさが出ていません。

ずいぶんと昔のことですが、大阪池田の銘醸蔵「呉春」さんで「特吟」と名乗っていた大吟醸酒の生を汲んでいただいたとき、なぜなのだろう？　この蔵の大吟醸生酒は美味しい！　その当時入手が難しかったお米「雄町」を使っているせい？　なにか特別な造りのせい？　と不思議でしたが、今になってその理由は精米歩合にあったのではと気づきました。精米が50％と大吟醸酒の精米基準ぎりぎりだったに違いありません。ほとんどの酒蔵が35％などの極限の精米に走ったとき、この蔵では今では珍しい？　「50％精米」を行っていたので「美味しい大吟醸生酒」が誕生していたのです。もちろん優れた醸造の技術があっての話ですが。

この冬、栃木県の「四季桜」で「生酒用の大吟醸酒」が仕込まれました。すべてのタイプのお酒に生酒があるのに大吟醸酒にだけこの用意がない、ということで造ることになったお酒です。酒造好適米「山田錦」使用、やはり50％精米！　もろみ日数35日とセオリー通りの発酵日数、搾りは空気圧の機械ではなく伝統的な槽《ふね》を使用、粕歩合48％、日本酒度＋5、酸度1.2、アミノ酸度1、アルコール度数17.5度。生の状態でとても上品で美味しい大吟醸生酒となりました。

思い起こせば昭和50年頃ほとんどの大吟醸酒が50％精米でした。最近のなんでもかんでも高度精米、異常に長いもろみ日数など手を多くかければ価値があるという発想？のお酒よりも、かつての50％精米、35日もろみという伝統的な大吟醸酒の方が豊かで美味しいお酒だったように思います。

ひさびさに復活した？銘醸蔵の50％大吟醸酒ですが、残念ながらこの「四季桜大吟醸生酒」は生酒として売り出すためだけに650キロの小仕込みタンクで造られ、一升詰でわずか700本の生産。すべて生酒として売り切られてしまうため、火入れ後の熟成した状態を見ることはできません。

お酒の保存のため、考えられる限りの設備を調えた新店舗

生酒の賞味期限

（187号／2004年2月掲載）

今の時期、生酒が多くの蔵から売り出されています。これらの酒瓶には「要冷蔵」の表示とともに「お早くお飲みください」と賞味期限的にはだいたい1カ月くらいが記載されています。生のお酒は変化しやすいものが多く含まれていますから短い賞味期限が記載されて当然です。ましてや搾りながら瓶詰めされる「無ろ過」、さらに「オリ引き前」などの表示のある生酒では貯蔵中の変化はさらに大きなものとなります。

ろ過をした生酒でも貯蔵には細心の注意が払われなければいけませんし、低温貯蔵や賞味期限の厳守が絶対に必要です。流通の段階でもこのことがよく分かっていなければいけないのですが、残念ながら一部の小売店や飲食店では冷蔵庫で夏まで貯蔵して、「特別なお酒」として売るなどということが行われています。冷蔵庫の過信です。やはり冷蔵しても「生老《なまひ》ね」と呼ばれるイヤな臭いが出てきてしまうからです。この「臭い」を気にしない人もたくさんいます。しかし私の経験では4人に3人まではこの臭いをかぎ分けることができ、2人まではこの雰囲気を嫌います。さらに貯蔵を続けるとアミノ酸が増え、臭いも醤油に近いような、味もくどくなることが多くあります。下痢をするとか体調不良をきたすということはありませんが、嗜好品として造り手の酒蔵さんが望んだものとは違うものと言わざるを得ません。

また最近はやりの「氷温貯蔵」なども生酒には向いていません。過去にいろいろと実験をしてみましたが、このような低温で置けば置くほど、常温に戻してからの変化は想像以上に大きく、それこそたちまちの内に変化してしまいます。冷蔵さえしていれば大丈夫と思ってはいけないのです。

生酒を美味しく飲むのには、冷蔵庫に貯蔵、できなければ暖房の届かない縁の下や廊下、日光の当たらないベランダなどに置いても良いようです。といってもこれは生原酒のことです。加水した生酒はアルコール度数が低い分、体力がなく、やはり冷蔵庫貯蔵しかありません。しかし、原酒規格の生酒は想像以上に体力があり冷暗所貯蔵でも十分です。賞味期限は冷蔵庫であれば3週間。無ろ過ですと2週間くらいでしょうか、冷暗所だともう少し短期間。もちろん早く飲んでしまうに越したことはありません。

この時期「活性にごり酒」という生酒も売り出されています。瓶の底に白く濁ったオリが沈んでいます。少し常温に戻すとオリから細かい泡が上ったりします。飲むときには上澄みと混ぜて飲みます。ほとんどが蓋の上や横に炭酸ガスの逃げ口を付けています。無ろ過原酒などでも開栓時に「ポン」と音がでることがありますが、「活性にごり酒」は、まだ発酵が瓶の中で続いているために、発生した炭酸ガスを逃がす必要があるのです。

そして「活性にごり酒」でありながら、逃げ口のないものも少量売り出されています。再使用瓶を使わず新瓶に詰められます。瓶の内側のキズが破損の原因になるためにこのような配慮をします。開けると下に沈んでいたオリが炭酸ガスに押し上げられて混ざります。しかし、温度が高かったり衝撃が加わったりすると、吹き出してしまうこともあります。また貯蔵日数が長くなるほど炭酸ガスのガス圧が高くなり、部屋中を汚してしまうことすらあります。このような生酒は変質の問題だけではなく早めに飲んでしまう必要があります。

どの生酒もなるべく早く飲むのが一番です。熟成の美味しさを求めるお酒ではないからです。冬の日本海の王者「寒ぶり」が美味しいからと言って工夫の冷蔵温度で夏までとっておいても美味しくないのと同じです。生酒はやはり冬のシーズンだけの「季節のお酒」なのです。

無ろ過生原酒

（221号／2006年12月掲載）

いよいよ酒造りの最盛期を迎え、どの蔵でもフルーティな香りが充満する頃ですが、早めに造りに入った酒蔵さんからはすでに「生酒」が出荷されています。

普通のお酒ですと、仕込みが始まって約20日くらいで発酵も終わり、どろどろにおかゆ状に溶けた「もろみ」は酒袋というマクラカバーのような袋に詰められ、圧力をかけられて搾られます。搾り終わると酒袋の中には酒粕、外には清酒が樋を通って流れ出して小さなタンクに溜まっています。その液体の中には布目を通った細かい酒粕の成分が混ざっていますが、しばらく置くと沈殿して底に溜まります。上澄みは透明に見えますが、グラスに汲んでみますと、わずかに酒粕の細かい成分「オリ」が混ざっていてうるんでいる感じがします。このオリの主な成分はたんぱく質で原料の米に由来します。昔はこれを除去するのに「柿渋」を混ぜて結合させ、重くして沈殿させていました。この成分はタンニンでたんぱくと結合しやすい性質を持っています。今は柿渋ではなく、似たような成分の薬品「オリ下げ剤」を使いますが、面白いことにワインでは、にごりの成分タンニンを除去するのに卵のたんぱくを利用しています。使い方は正反対ながら地球の表裏でまったく同じことをしています。

通常のお酒は「オリ」を引き、さらにきれいに取り除くために「ろ過」をし、「熱殺菌」で酵母菌を殺菌、ついでに酵素をこの熱で壊して「貯蔵」となります。生酒は熱殺菌をすることなく売り出されるお酒のことですが、生魚の刺身のような生のとろみが美味しく感じられます。

しかし、流通の段階での品質管理にも問題がありますので、「無ろ過」や「オリ引き前」の状態で出荷するのはとても危険と考え、変質しやすいオリを含んだままで売り出すことはありません。たいていの蔵ではタンク数本を生酒用として製造、ろ過をして最後の一滴まで販売することがほとんどで、数カ月間にわたりこれを出荷し続けます。

生酒を楽しむ最高の贅沢は、「無ろ過生原酒」を各タンク毎に汲み出してもらって飲むことです。その時々の蔵の様子がお酒から伝わるような緊迫感まで届くような瞬間となります。酒蔵さんにとっては、前述の変質の危険だけでなく、忙しいさなかにそんな面倒な仕事はできません、ということになりますが、長いおつき合いの中で信頼関係が深まっていること、そして神田和泉屋で販売したお酒のクレームは「酒蔵にではなく神田和泉屋に来る」というスタイルが確立?したせいでしょうか、蔵に迷惑をかけることのない販売体制を認めていただいたことで、こんなわがままが特別に許されているような気もします（自惚れ?）。特に、「活性にごり酒」の販売については販売店が責任のとれることが最大の条件となります。お酒を搾っている最中にオリごと瓶詰めしていただくのですが、瓶詰めの翌日くらいですと開栓しても「これ本当に活性?」というぶかるほどおとなしいのですが、3日も経つと、開栓と同時に底に沈んでいたオリがわき上がってきて、瓶を振って混ぜるまでもなく、全体が混ざり合います。しかしその数日後には、栓の金具をはずしたとたんに栓が飛び、部屋中にお酒が飛び散り「クリーニング代金を払え!」という騒ぎになります。このことを十分に飲む方に伝えることができなければ、当然蔵元さんにご迷惑がかかることになります。

まぁとてもスリリングな季節のお酒ですが、地酒蔵さんは大手との違いを出すために、今後はこのような「無ろ過生原酒」「活性にごり酒」などの発売が盛んになることが必要と思います。もちろんそのお酒自体が「できの良い酒」でなければ「無ろ過生原酒」も「活性にごり酒」も美味しいということにならないのは言うまでもありません。

夏

冬の生酒と夏の生酒

（153号／2001年4月掲載）

「昨日甑《こしき》倒しが済みました」という電話が数軒の酒蔵さんから入ってもう半月も経ち、桜も満開となりました。「甑倒し」は文字通り甑を片づけるということで、と言っても蒸しに使う大きな木桶を横に倒すわけではありません。甑（蒸し器）を使う作業が終了したということです。もうすべての仕込み桶はお酒の発酵が終わるのを待つだけです。麹室も酒母室もきれいに清掃され、次第に蔵内は静かになりはじめています。仕込み蔵のとなりでは残務整理のような感じで火入れ殺菌作業が行われています。

搾ったばかりのお酒は当然生酒です。このままにしておくと品質が変化してしまうので、品質安定のための「火入れ」をします。

火入れをされたお酒は貯蔵タンクに入れられ熟成の眠りにつき、夏を越して、山から冷たい風が吹く頃、味が乗ってから瓶詰、出荷されます。この時にも念のための「火入れ」が行われます。ということで通常のお酒は合計2回の「火入れ」を受けます。そのためにどちらか1回だけ火入れをしただけのお酒も「生酒」として扱われています。ちょっと消費者にはわかりにくい表示ですが、このあたりを区別するために、貯蔵開始時だけに火入れをしたお酒を「生詰」、出荷瓶詰時にだけ火入れをしたものを「生貯蔵」と表示して、造りの間に売り出される「生酒」と区別しています。

東北の酒蔵さんなどでは、造りが終わった後も低い気温が続くために、比較的遅くまで生酒の状態で貯蔵して熟成を待つことが多かったのですが、最近ではどこの酒蔵も冷蔵設備が完備されていることが多く、かなり暖かい地方でも「生酒」を囲っていることが多くなっています。しかし冷蔵していても不思議なことに温度だけでない、なにかがあるようで、生の状態で「老《ひ》ね」が出ることがよくあります。これを「生《なま》老《ひ》ね」と呼んでいます。

普通に2回火入れをしたお酒でも3年、5年と長い期間貯蔵しておくと次第に老ねて中国の「老酒」を薄めたような香り（臭い？）を出し始めます。悪い管理に置かれた機械造りのお酒などはものの3カ月くらいでこの「老ね」を出したりしますから、貯蔵期間の長短だけが原因ではないのかもしれません。その「老ね」も上出来の大吟醸のものとなると、同じ「老ね」なのにずいぶんと違います。例えば、「岩の井」さんの昭和50年の大吟醸古酒などは上品な甘みのある水？の感じで「上品に枯れた」という表現が適当な「老ね」です。普通酒の「老ね」の傑作には「木戸泉」さんの『古今』などがあり、どちらも独特の世界をもっています。しかし、「生老ね」だけは上等も傑作もありません。しかも気づいて「火入れ」をしてももう直りません。

でも、なかにはこの「生老ね」をまったく気にしない方もたくさんいます。「酒は何たって生だよ。ウチでは一年中、生酒を囲って売ってるんだ」などと胸を張っている飲み屋さんも結構あります。

冬の生原酒は美味しいものです。しかし、冷蔵庫で貯蔵しても「生老ね」だけでなく次第にアミノ酸が増え、味もくどく、香りも醤油のようなものにと変化してしまいます。この生酒の美味しさを夏までとっておけないかと酒蔵もいろいろと実験を重ねてきました。ある酒蔵ではマイナス8℃で貯蔵すれば変化なしとの結果を出しましたが、常温になったとき、反動でしょうか？　大変なスピードで変質してしまいました。やはり冬の味覚「寒ぶり」を冷凍しても夏に美味しく食べられないのと同じです。季節のものはその季節に賞味するのが一番です。

どうしても飲みたいのであれば、無理に「生酒」の状態で夏まで置くよりも貯蔵開始時一回火入れの「生詰」の方が状態が安定していますし、ちゃんとできたお酒であれば、お刺身が火入れで焼き魚になるような変化はなく、生酒の香りも残っています。特にきれいな酸の多い原酒であれば、梅雨時や猛暑の気怠い季節には美味しく楽しめます。

原題：初呑み切り酒
（73号／1994年8月掲載）

初呑切り原酒

通常市販されることがないので、あまり馴染みのないお酒かもしれませんがこう呼ばれるお酒があります。呑切りは、品質状態をチェックするため必要であれば何度も行われますが、初呑切りは、初めて貯蔵タンクの呑み口を開けるということから命名されています。ふつうは6〜8月に行われる酒蔵内の年中行事です。

お酒は冬の期間に造られ、生酒など特殊なものは別として、通常火入れ殺菌された後に原酒の状態で貯蔵タンクに入れられ、雑菌に汚染されないように密閉状態で十分な熟成をさせます。そして秋頃に通常は20度くらいのアルコール度数の原酒を、割水をして15〜16度の市販酒規格にして、再度（2度目）の火入れ殺菌をして瓶詰めされて売り出されます。この2回行われる低温殺菌は、なんとルイ・パスツールの発明の300年前から行われていました。経験的に私たちの祖先はこんなことまで知っていたのです。

今でこそお酒が科学され、お酒造りはより安全確実なリスクの少ない産業となっていますが、江戸時代や明治時代には、お酒の貯蔵中の変質、腐敗がひんぱんに起こっていました。お酒が腐れば蔵は倒産です。この前兆を早く知る必要から「初呑切り行事」が行われていました。一本一本の貯蔵タンク（桶）の下部にある穴に呑み口をつけ、中のお酒を「溜め桶」と呼ばれる20リッターくらいの手桶にとり、顔を入れて色や香りを検査し、あとで唎き猪口に入れて唎き酒をします。長年の経験から異常を発見し、雑菌に負けているようであれば火入れ殺菌をしてお酒を直したようです。夏場に「酒蔵の煙突から煙」は腐造の証拠ですから、夜中にこっそりと……、この時期は蔵人たちも故郷に帰っていて、いるのは蔵元の家族だけ。徹夜作業の後も、ちゃんと朝起きてこないと疑われますので、まるで寝る時間がなかった、という話を聞かされたことがあります。

初呑切り行事は腐造の発見と対処のための検査ですが、現在では心配からというより熟成の具合を楽しみに呑み口を切る感じもします。しかし当日は、故郷に帰っていた杜氏さん、蔵元さんや蔵人たち、そして県や局の元先生が出席。蔵では朝から緊張した空気に包まれます。同じに造ったお酒でも貯蔵タンクの位置や大きさの違いで、若干の違いが酒質や熟成度合いに生まれます。あれやこれやの専門家たちの酒談議が夏の静かな蔵の中に咲きます。

初呑切り行事の危険は大量にお酒をタンクから抜くと、夏の暑い雑菌の多い空気がタンクに入り、中のお酒が汚染されることです。そのため、どの酒蔵さんでも通常売り出しはありません。しかしどのお酒も健康を維持するのが大変な時期、この初呑切り原酒は力強く、豊かでフルーティさもあり美味しいものです。神田和泉屋で、無理を承知で少量出荷をしていただいているのもこの誘惑のせいです。

2年ものの初呑切り原酒!?

原題：呑み切り原酒
（170号／2002年9月掲載）

先日こんな話がありました。

「質問があるんですけど『初呑切り原酒の2年もの』ってあるんですか？」

「ん？」

「自宅の近くの酒屋さんで売ってるんですけど…」

「はつのみきりげんしゅ」……。あまり聞き慣れない名前ですが、今年の夏はこんなお酒が見うけられ、飲み屋さんの中には「瓶の底まで飲み切ってしまうお酒」と勘違いしているケースもあって笑いの種になりました。「初呑切り行事」は冬に造られ、蔵内のタンクで秋までの熟成を待つ途中で、「品質チェック」のために初めて「呑み口（栓）」を「切る（開ける）」ことからこう呼ばれている行事ですが、とても神経を使う作業です。すべてのタンクの呑み口が切られますが、前後に熱湯とアルコールによる入念な殺菌が行われます。理由は雑菌の汚染です。夏の湿った空気がお酒を抜いた分タンクの中に入り込むために大きな危険がついてまわります。

故郷に帰った杜氏さんを呼ぶのも費用がかかるということで蔵元自身が見よう見まねで呑みを切り、品質をチェックし、もったいないからとお酒を元に戻し、タンク何本も腐らせたなどという話も耳にします。

　こういう理由で大量にお酒をタンクから抜けないことから商品として売られることはありませんでしたが、「清酒の売れない夏に少しでも売れるのであれば」ということだと思いますが、どうやらタンク一本をそっくり売り切ってしまうという「初呑切り原酒」がいろいろな酒蔵さんから売り出されたようです。これなら「雑菌の汚染」の心配もありません。

　しかし、当然のことながらすべての「初呑切り原酒」が美味しいわけではありません。お酒のできが良くなければ、当然「初呑切り原酒」も美味しくありません。残念ながら「美味しい初呑切り原酒」は「美味しいお酒」以上に入手が難しいのが実情です。レベルの高い蔵元との信頼関係と桶を選び出す唎き酒能力が必要だからです。

　さて前述の「2年もの」ですが、お酒の性質上長期貯蔵は？？？？と思います。しかし、この手の話はよくあることで「生原酒の2年もの」、「ボージョレー・ヌーボの3年もの」、これが自慢の酒小売店もたくさんあるようです。

「聞きたいんだけど、ボージョレー・ヌーボは早く売らなくちゃいけないんだよね？」

「そう、短期に販売しなけりゃならないよ」

「そうだよね、もたもたしてると次が出ちゃうもんね」

小売り同業者との実際にあった会話です。ほとんどの小売店がこのレベルの専門家?ですから、こういう小売店と接しているお客にとっては、初呑切り原酒がどういうもので、どんな時期に飲んだら美味しいのか、ちゃんとした情報が受けられない可能性は大です。

私は夏の気怠い時期には、酸を多く感じる初呑切り原酒が一番、またこの時期にはこのお酒しかないと思っています。何年も寝かせて希少価値?を出すのが専門店なのか、一年中飲めるように貯蔵在庫することが専門店なのか、他人様のすることにいちいち文句を言う筋合いはないかもしれませんが、本心「いい加減にしろっ」が正直な気持ちです。

気怠い夏に美味しい古酒

原題：販売するか？　使うか？　古酒
（180号／2003年7月掲載）

気怠いこの時期、どうも梅雨時から盛夏の間は日本酒の状態が良くありません。お酒がふくらまないと言いますか、大吟醸酒も普通のお酒もバランスを崩していることが多いようです。それに比べてアルコール度数の高い原酒や一年以上熟成させたお酒はバランスを保っています。度数の高いものや酸の多いお酒が美味しく感じるのは、この時期貯蔵途中のお酒の品質チェックの「初呑切り原酒」が、この2つの成分が多いことで「すっきり」、「しっかり」を感じさせるのと同じと考えられます。

　この時期でも、「熟成酒＝古酒」が美味しく感じられるのはどうしてでしょう？　残念ながら理由はまったく分かりません。アルコール度数も加水して市販酒規格に落としてあるお酒なのに安定しています。それも3年、5年、10年と貯蔵期間が長ければ長いほど安定の度合いが増しています。試しに当年ものの普通酒にその蔵の古酒を少し混ぜる実験をしてみたことがあります。確かにバランスは持ち直しました。が、入れる分量が難しく、ちょっとでも多く入れると中国の老酒のような「老ね香《ひか》」が出てしまいます。どうやら一合にマッチ棒の先の薬の量くらいが適量のようですが、その日の気温や湿度、お酒の種類などの違いが原因か？　これだ！　という分量がつかめません。もし酒蔵さんで答えがつかめたら、「年間を通しての安定」が実現できるはずです。ちょうど今の時期、5月頃から夏にかけての難問「お酒のブチ」の苦情も解決されるかもしれません。お酒のブチは古酒と新酒のブレンドのことですが、犬や牛の白黒のブチからきた表現だと思われます。ぶどうの収穫年を表示して納得していただくワインとは違い、日本酒の酒蔵さんは年間を通して同じ味のお酒を出荷する必要があります。前年のお酒がなくなって、翌日からこの間の冬の造りの若いお酒を出荷すると「ずいぶんと味が違う」と苦情をいただきます。そこで昔から古酒と新酒を混ぜて急激な味の変化を避けてきました。これが「お酒のブチ」です。それでも敏感なお客から苦情が出ます。

ブチが始まる頃になると、神田和泉屋も緊張する数カ月となります。入荷があるごとにチェックが必要となり、数週間の売り止めなどということも多くなります。ここでの「古酒」は前年のお酒。冒頭の「古酒」はもっと古い古酒、長期熟成酒です。色も進んで茶色く見えます。「年経た古酒」は「年経た古狸」のように不思議な力をもっているようです。少々の環境の変化、気怠い夏などまったく「屁の河童」、この使い方がつかめれば良いのですが、実験での飲む直前のブレンドと、いつ飲んでもらえるかが分からない酒蔵さんでのブレンドとではだいぶ事情が変わってきます。飲まれるまでの貯蔵時間（期間？）の経過の間にどんな変化が起こるか、想像もできません。

江戸時代の書物『和漢三才図会《わかんさんさいずえ》』（寺島良安、正徳2（1712）年成立）に出てくる古酒は

「とろりとろりと油のごとし……」とありますから、そんなお酒も飲まれていたようです。この時代には純米酒しかなく、しかも精米技術は今とは比較にならないほど低かった時代ですから、できあがるお酒は酸の多い俗に「鬼ごろし」。鬼がひっくり返るほど酸が多く辛かったために、その酸を解《ほど》かせるために庶民は「お燗」で人工的に熟成時間を与えたのだと思いますが、一部の余裕の世界では、極上の赤ワインの飲み頃を出すための熟成期間を5年10年と与えたように日本酒を長期間寝かせていたことが窺えます。

しかし、今は一部の人を除けば、老酒のような色と香りをもつお酒が家庭の食卓で好んで飲まれる時代とは思えません。

また、古酒（長期熟成酒）もあったとしてもたまたま売れ残っていただけという蔵がほとんどです。「吟醸の後は古酒だ！」などと夢を見るより、毎年少量を長期貯蔵し、一部をそのまま好まれる方に販売、十分に熟成するまでの間の時間を使って手持ちの古酒で「年間を通しての安定」の研究をしたほうが良いのでは、と思います。

夏のお燗酒

（108号／1997年7月掲載）

暑い中でお燗の話です。

今でも一年を通して「酒はお燗に限る！」と言っている方もたまにおられますが、こんな方は例外の部類に今はなっています。それどころか「お燗をするなんて、酒の味の分からんただの呑兵衛！」などと決めつけられかねない雰囲気です。

しかし、「絶対、酒は燗。絶対、酒は冷や」という主義主張？ではなく「お燗はおもしろい」という世界もあります。ちょうど今時分は、お酒が今年の冬に造られた新酒と一年前の古酒とがブレンドされる時期でもあります。酒の業界では「ブチ」などと呼んでいますが、犬や牛の白黒のブチと同じ感じの言回しです。

酒蔵さんは、特殊なお酒は別として、普通のお酒は年間を通じて同じ酒として売りたいと考えています。そのために新酒と古酒をブレンドします。そうでないと、ある日突然、熟成の進んだ古酒から若い新酒に変わったら（だれでもその大きな変化には気づき）、「なんだなんだ

〜」ということになります。新酒と古酒だけでなく、たとえレベルの高いものに変わっても飲み手は「変わった！」それが「違った味＝不味くなった」とエスカレートしてしまうことが多いようです。

「変わった」と思われたくないので、蔵元さんはブレンドをします。当然プロである蔵元さんはどの割合でブレンドするのが最良かをご存知ですが、1カ月もすれば様子が変わるのが貯蔵タンクの中のお酒です。「変わっていない状態」をブレンドで続けるのも難しく、時として後から出荷されたものが若い感じだったりします。小売店が一番お小言をいただく時期です。

神田和泉屋ではお燗をすることでこの飲み頃のころあいをはかっています。そのために神田和泉屋のお酒の瓶詰め月日は、店頭に並ぶ時期が前後していることがあります。まぁそれはさておいて、楽しむ時のお燗の活用です。先日も勉強会の形でお燗をしました。酸の出やすい純米酒を教材にして数種類のお酒をお燗し、どう変化するかを試しました。この勉強会に参加した全員が驚きましたが、36℃と37℃で大きな差が出ました。わずか1℃の違い、それも人間の体温と変わらない温度です。

これはいったいどういうことなのでしょう？　氷で冷やしたものと湯気のたつほどの熱燗との差であれば、その口で感じる違いは理解できますが、わずか1℃でここまで違う！

ワインもビールも日本酒も品質安定のために火入れ殺菌をしています。ワインの品質安定のための火入れは、ルイ・パスツールが発明したものですが、かなりのヘビータイプの赤ワインでも、生の時点では生のトロミに助けられるせいもあるのでしょうか、それなりに美味しく飲めるそうです。しかし火入れ殺菌するともともと酸の多い赤ワインはタンニンと共にたくさんの酸が感じられて、フルボディといわれるボルドーの高級ワインなどは口が曲がりそうになるそうです。しかし、5年、10年と熟成させることによって、これがトロミと香りに変化していくようです。

ビールも、通常火入れ殺菌して約1カ月くらい1℃で貯蔵すると熟成によるトロミがでてきます。この熟成期間をラガーリング期間といい、この期間を持ったビールを「ラガービール」と呼んでいます。しかし、最近の日本のビールはミクロフィルターによるろ過で酵母菌を除去する方法が主流で、本来のラガービールは姿を消しつつあります（もちろん日本だけ）。

日本酒も造りのある間に売りだされる「生原酒」は美味しく飲めますが、火入れをするととたんに酸が感じられ、とても美味しいとは言えない状態になります。これを「焼きむら」などと呼んでいますが、この感じも夏を越して秋まで置くと、荒い酸の感じもほどけて、熟成によるトロミと香りに変わります。ちょうど山から冷たい風が吹いてくる時期なので、「冷やおろし」「秋あがり」などと商品名を付けている蔵元さんもあります。

さてブチです。その十分な熟成前のお酒を前年のお酒とブレンドするわけですから、お酒の持つ雰囲気や味に少々のものを与えても不思議はありません。しばらく冷暗所に貯蔵して熟成を待てば良いのでしょうが、それでは今晩の晩酌には間に合いません。

そこでお燗です。人工的に熟成の時間を与えるお燗という手段で、若い熟成不足のお酒を美味しくしようとするものです。熱燗好きだから「熱燗」というのではなく、熟成をさせてみようという「お燗」です。今までの経験では、酸のほどけに十分な温度は、42℃くらい、ほとんどが人間の体温程度でした。夏のお燗もなかなか粋です。この1℃の差にご興味のある方はぜひお試しください。

秋

秋あがり・冷やおろし

（266号／2010年9月掲載）

もう酒蔵さんから「秋あがり」とか「冷やおろし」の出荷案内が届き始めています。連日の猛暑で「秋」どころか「盛夏」の感じですが、別に「秋あがり」「冷やおろし」は、何月という決めはありません。

出荷のご案内も「予告、予約受付」という意味合いですが、出荷はおそらく9月末頃になると思います。売り出しの日が現時点で確定しないのは、例年唎き酒をするのが今から1カ月後くらいになるからです。

冬に造られた「生原酒」が、3月頃に品質安定のための「火入れ」を受け、その後、冷蔵庫や貯蔵桶で熟成のための貯蔵に入ります。ビールですと、この期間は約1カ月、できの良いぶどうで仕込んだ赤ワインは、長ければ3年、普通でも最低1年は熟成期間が必要となります。日本酒は火入れから約6カ月。火入れ直後は、どれもお酒が荒れて、収まるまでにこれだけの時間がかかります。火入れによって、ビールもワインも日本酒も「生のとろみ」は消えますが、貯蔵している間に「熟成のとろみ」が誕生してきます。

神田和泉屋で夏の時期に盛んに販売した「初呑切り原酒」は、その途中の状態のものです。やや生っぽさがあり、酸もまだ暴れている状態です。これが気怠いこの時期に美味しく感じられるのです。しかし実際は、お酒は不安定で、自慢の酒として売り出せるものというわけにはいきません。本来貯蔵途中の品質チェックのために汲み出したお酒です。この時点からさらに数カ月、火入れから約半年、山から冷たい風が吹いてくる頃、「熟成のとろみ」と「秋あがり」と表現される品質の向上が完成し、「冷やおろし」の出荷となります。

通常のお酒は、年間を通して「同じ味」でなければならないという理由で、前年のお酒とブレンドして瓶詰めされます。ワインのようにその収穫年の果実のできによって「違う味」、「違う値段」は、この国では受け入れられないのです。外国のワインは年の違いによって味も値段も違って当たり前なのに、サントリー、メルシャンなど日本のワインは、少なくとも値段は例年変わらないことからも、考え方の違いが分かります。良くも悪くもこれが日本の昔からの習慣なのです。いつものお酒、いつものワインは味も値段も同じでなければならないのです。

最近では「大吟醸酒」などは基本的にブレンドをせず単独桶のまま売り出され、ワインで言う「ヴィンテージ」に相当する「酒造年度」を表示しているものもあり、これがちょっと拡大して一部の酒蔵さんの「吟醸酒」、「特別純米酒」などにも「酒造年度」表示が見られるようになりましたが、相変わらず「値段は変動なし」。なかなか民族の習慣は変わりません。

さて「秋あがり」とか「冷やおろし」に戻ります。これらを名乗るお酒は前年のお酒とのブレンドはしないで売り出されます。スコッチウイスキー同様にブレンドの技《わざ》も酒を活かすものですから、ブレンドなしが「素晴らしい」と感じるかどうかは飲む人の評価次第。同じお酒の生を飲み、初呑切り原酒を飲んで、この「冷やおろし（秋あがり）」を飲んでみて、この半年間の味や雰囲気の変化に感動の発見があれば、めっけもんです。

かつてはこれらのお酒は加水して2回目の火入れをしていましたが、最近では加水していない「原酒規格」のお酒も増えました。昔に比べれば、吟醸酒だけでなく、特別純米酒などもかなり低温で発酵させることが多くなり、その分アルコール度数が出ないお酒が増えたことが理由だと思いますが、現在市販されているお酒のアルコール度数は、数年前には考えられないほどさまざまです。

そして冷蔵装置も普及して、生酒のまま貯蔵して、この日を迎えるお酒も増えたために、原酒規格の生酒の「冷やおろし」も多く出回り始め、定義など作りようもない状態です。ましてや冷蔵の米を使って、冷蔵庫のような蔵で「純米吟醸生酒」を1年中製造、売り出そうという蔵も出てくる昨今ですから、情緒あふれる命名の「冷やおろし」も風前の灯火《ともしび》？ 9月出荷のお酒に「冷やおろし」をつけても誰もなんにも言えません。

しかし、9月中、神田和泉屋の季節のお酒の判断はまだ「初呑切り原酒」です。10月半ばまでは、ここ神田には、秋もきませんし、冷やおろしも吹いてきませんから……。お酒が熟成するのを待って、「まともな冷やおろし」を楽しみましょう。

冬

お燗番さん

原題：お燗に向いているお酒
（99号／1996年10月掲載）

昔、20年前にもなりましょうか、「お燗番さん」に会ったことがあります。私にとってはこれが最初で最後の経験でした。今は居酒屋ではほとんどが「お燗番」などという商品名の付いた電気製品でお燗をしていますが、これはいけません。たしかに温度は結構（？）なのですが、なにせお燗のしっぱなしですから、ましてや閉店後に電気を切ってまた翌日に温め直す、美味しかろうはずがありません。出会った「お燗番さん」はご老人でしたが、面白い話を聞かされました。

「寒い晩だと思ってください。昔は調理場とは別に、お酒のお燗はそれだけをする私みたいな人がいましてねぇ。飛込んできた人はたいていてい鼻水をすすりながら『熱燗一本！』と声をあげます。そんなこと言われたってすぐにお燗はつきません。でもちょっと温まったやつを出すと、冷えている身体のことですから温かく感じます。お燗番は一人ひとりのお客さんの酔い具合を見ながら、それぞれのお客のお酒をお燗します。気づかれないようにお客を観察してるんです。さっきのお客には熱燗を用意しておきます。そのうち銚子が何本か空いて、このお客そろそろオツモリだなと思った時にちょっとヌル目を一本、次いで熱燗を出すと『おやじ！　お勘定！』と必ずなります」

まるでオーケストラのコンダクターみたいです。毎晩お客を手玉にとっているようです。なかなか面白そうな仕事だなぁ～と思い、この話が記憶に鮮明に残りました。

多分このご老人の扱ったお酒は、手造り時代の「かつての灘のお酒」だったと思われますが、最近のお酒は灘に限らず、使用せざるをえない理由があるのでしょうが、活性炭素による過剰なろ過が行われて、体力がなくてお燗に耐えられない「燗あがり」しないお酒が多くなっています。たとえ近代化の流れでなくても「お燗番さん」の出番もなくなっているのかも知れません。お酒らしいお酒が少なくなり寂しい限りです。

お燗の〝勘どころ〟

原題：お燗の季節
（173号／２００２年12月掲載）

お燗の季節がやってきました。先日、醸造の専門誌「日本醸造協会誌」（Vol.97 No.11 798～804頁）（２００２年）に「電子レンジ加熱に適した徳利の形状について」という研究が発表されていました。マイクロ波の飛び方やらレンジ内での場所による違いやら、いろいろな角度から研究され、さすが専門研究員が調べると的確な結論が出ていました。

電子レンジお燗はとても手軽ですが、温度むらという欠点があることがわかったそうです。底から５ミリ、液面から５ミリの場所の温度差は徳利の形状によって多少の差はありますが、驚いたことに底部45℃に対して上部で86℃という例もあり、およそ30℃前後の温度むらが通常起こっていることが判明。形状としては、首部は太く広口、胴部は球形または円柱形に近いもの、高さは10センチ以上、底部は底上げ形状のものがむらが少なかったと発表されています。

先日あるお酒を納めさせていただいているお店でお燗のお酒を飲みました。ぬる燗を期待したのですが、出てきたのは熱々の状態、しかたなく冷や酒を足して飲みましたが、後口に渋みが残りました。熱燗すぎてお酒がおかしくなったのかと思いましたが、そのお燗は電子レンジお燗でした。どちらのせいで渋みが出たのか、あるいはその両方が原因となったのか、お酒そのものに問題があったのか？　結論が出るまで売り止めをお願いして帰り、翌日の神田和泉屋学園アル高校の授業で同じお酒を湯煎でお燗したところ、とても美味しい感じで生徒さん方の評価も上々、さっそくその場から電話で渋みはお酒のせいではないことを伝えました。このお店でも営業終了後、湯煎でのお燗を試し、その違いを確認し同じ結果が出たために以後は湯煎にするということでした。

湯気がたつほどの熱燗にするとお酒が壊れた！という状態になることは分かっていますが、それ以外に電子レンジでのお燗はぬる燗でもお酒が別物になるのを経験しています。以前にアメリカで風呂に入れたペットの猫を電子レンジで乾かそうとして死なせてしまった事件がありましたが、お酒も生き物ですから、電気で処刑はいけません。専門家の電子レンジでのお燗の研究でも「お酒が美味しくなる」という記述はどこにもありません。

今時の若い奥さんがちょっとの温度の違いで微妙に味が変わって旦那から苦情が出る（?）

面倒なお燗なんぞをするはずもありません。しかし、日本酒は吟醸を別とすれば、コクとして感じられる乳酸を赤ワイン以上に含んでいます。この酸は温めると美味しさを増す酸です。上手にお燗すると冷やの時以上に美味しい味を出します。ちょっと面倒でもいくつか経験してみると「勘どころ」ならぬ「お燗どころ」が分かってきます。ぜひチャレンジしてください。

—アドバイス—

一般的には酸の多いお酒は少し高めの45℃くらい、または普通のお酒のお燗温度42℃で長目のお燗で酸を解《ほど》かせると良いようです。教室でもお燗で評価があがらなかった酸の強いお酒が、採点の終わった後で時間が経ったせいでしょうか、高い評価を得たものもあります。

飲食店でよく見かける一升瓶を逆さにした「酒燗器」は研究された温度なのでしょうが、何時間も温めっぱなしではやはり良さは出ません。家庭用のポットのような酒燗器は湯煎ではありませんが、使い方の研究の余地はありそうです。しかしなんといってもおすすめは湯煎です。お部屋の加湿にもなります。

ただ気を付けなければいけないのは、「お燗をして美味しくなるお酒」と「お燗しなければ飲めないお酒」は別ということです。お燗して美味しくなるお酒は冷やでも美味しく、お燗してさらに美味しくなるお酒です。活性炭素で色や味を徹底的に抜いたインチキ酒には「お燗の良さ」が出ることはありません。

燗上がりするお酒、燗崩れするお酒

原題：桜前線とお酒の寿命
（128号／1999年3月掲載）

そろそろ桜前線の話題が新聞に載る頃です。「東京では3月○日頃にソメイヨシノの桜が咲きます」などという予想です。東京では靖国神社のソメイヨシノが標本木となっています。実際につぼみの目方を量ったりもしますが、それ以外に毎日の平均気温を測って積算温度（足し算）で開花日を決めます。開花予定日の数日前にちょっと寒い日が続いてもほとんど影響なく桜の花はちゃんと咲いてくれます。積算温度からするとちょっとの誤差にすぎないためです。

お酒にもこの積算温度のような寿命があるように思えます。お燗をして美味しくなる酒、ならない酒。前者を「燗上がりする酒」、後者を「燗崩れする酒」などといっています。崩れるお酒はしまりのない感じで、燗冷ましも不味くてとても飲めたものではありません。温泉地の宴会などで、宴会が終わり、三々五々麻雀やラーメン屋に出た後、四〜五人が残って座布団をまたぎながら徳利を集め、座敷の真ん中で宴会を再開、こんな光景がよくあります。その経験のある方でしたらご存知でしょう。あの燗冷ましの不味いこと！　世の中にこんなに不味い液体があるか、というほど不味いものです。しかし、しっかり造られたお酒ですとそんなことはありません。もちろん温泉街の宴会場に出るお酒の中には見つけるのはちょっと無理かもしれませんが…。

昔は硬度の高い仕込み水を使っていた「灘のお酒（今は昔物語りとなってしまった戦前のお酒です）」が燗上がりしたために、仕込みに使われる水が硬水か軟水かで「燗上がりする酒」「燗崩れする酒」に分かれるなどという意見もありましたが、酵母菌を大量に培養する「酒母造り（酒母の育成）」がしっかり行われたかどうかにかかっているように思えます。軟水でもしっかりした酒母造りが行われていて、燗上がりするお酒もたくさんあります。

やはり、人間と一緒で母がしっかりしていないと良い子に育たないのと同じです。しっかりした母（酒母）が誕生したときに寿命の長い子供（お酒）が産まれます。子供の寿命は母の誕生の時点でもう決まっています。

お燗も積算温度がすこし足されただけのことですから、体力寿命をたくさん持ったお酒にはどうということもありません。もちろん高温でアルコール分は飛んでしまいますが、仮に100℃にお燗されたとしても、25℃の気温の日が4日プラスされたにすぎません。しかし、体力不足のお酒はその人工的に与えられた時間温度がこたえて寿命を迎えてしまいます。

最近では吟醸ブームの影響からか、ギンギンに冷やして香りプンプンのお酒を飲むことが多くなっています。ですからほとんどの人にとっては機械造りやバイオ技術で産まれる早飲みタイプのお酒で充分！　寿命のあるしっかりしたお酒の需要など？？？味噌や醤油が何年も熟成させて作られる時代から、あっという間にできてあっという間に消費される、そんなもので間に合うインチキ時代の到来ですからね。

2 日本酒の造り

日本酒の原料

原題：無農薬
（75号／1994年10月掲載）

無農薬の米

有機農法栽培は除草剤や農薬の使用を極力少なくして、植物の持つ自然の力で成長させようという農法ですが、まったくの農薬不使用を意味していません。農薬の開発により食糧の生産は上がり、現在では普通の国では飢饉などで人が大量に死ぬなどということは起こっていません。問題は使用の量にあるのではないでしょうか？　健康に害があるほどの量が○○には使われているなどという話も聞きますが、さらに収穫量の問題ではなく商品価値を高めることのためにまで農薬が使われる現実！　なんでも量を過ごせば害になります。

有機農法栽培は健康上の理由とは別な意味も持っているように思えます。ドイツでもぶどうの樹に虫が付けば薬で退治します。でも良心的なワイン蔵では少量の使用に止《とど》め、さらに除草剤をほとんど撒きません。理由はバクテリアや小さな虫が死ぬような土壌ではぶどうは健全に育たないと考えるからです。そしてさらに畝《うね》のぶどうの樹を少なめにして十分に栄養が渡るようにします。収穫量は少なくても質の良いぶどうが手に入るからです。その反対にちょっとソロバンをはじくワイン蔵では、密度濃く樹を植え、除草剤・農薬をかなり撒いて手間を省略。さらに化学肥料を撒きます。こうすることによってぶどうがたくさん収穫され、当然できるワインの量も増えます。

撒かれた化学肥料はどの程度の深さまで土の中に入るのでしょうか？　古いぶどうの樹は5m、10m、30mと根を伸ばして地中の深い所から水分と養分を吸い揚げています。これがその畑のワインの特徴となるのは言うまでもありません。ぶどうの根はこの水分と養分を求めて根を伸ばしていきますが、もし浅いところにその養分があれば、根は地中深くにではなく、横に伸ばしてゆき、その畑の特徴をぶどうの粒にためることはありません。この意味でもぶどうの有機農法栽培は大きな意味を持ちます。

——原料米の有機栽培——

最近は米作りから始めるという酒造りが話題となっています。それも無農薬というふれこみが多いようです。日本人が農耕民族のせいでしょうか？　これが受けるんですね〜（できるお酒が美味しいかどうかは別にして）。たしかに手抜きのお米よりも丹精込めたお米の方が……。しかし自家栽培がうたい文句の蔵でもその酒造りに使用するお米全体の何％を栽培しているのでしょう？　おそらく小さな小さな1桁台であると思います。全量自作用で用意するとしたら、気が遠くなるほどの田圃の枚数と人手が要るでしょう。昔から米は購入するものです。

農薬に関しては日本酒の場合はワインと違ってあまり問題となりません。ご存知のようにお酒を造るときには「純粋なでんぷん」だけを使おうとして精米を行います。とくに吟醸酒などの場合は40％、50％を糠として取り去ります。普通のお酒でも良心的な酒蔵さんでは70％とかまで精米しています。ご飯用のお米の精米が90％ですから、たいへんな精米歩合となっています。精米の途中で脂肪やたんぱく質の多く含まれた赤い糠が出ますが、さらに精米することによって白い糠に変わります。こんなにまでお酒の原料米は精米されるのです。もしお米（玄米）に農薬が含まれていたとしても、この精米で取り除かれてしまうでしょうし、仮に残っていたとしても、そのあと微生物による分解でお酒に変わり、搾りで酒と酒粕とに分かれ、あるかもしれない農薬は酒粕の中に……。お酒という液体の中には残留農薬などはまったく検出されません。これでも無農薬の方がというのでしたら畑を散歩して呼吸する方がよっぽど危険といえます。

ただし、無農薬有機農法が清酒造りに無意味とは言えません。千葉県大原の「木戸泉」さんでは「力のある米」として有機農法米を使用して10年の貯蔵に耐えるお酒を造っています。しかしこの蔵は例外的なもので、普通はどちらかというと農耕民族である日本人への上手な訴え方という感じです。有機農法でも不味くては意味がありません。

（258号／2010年1月掲載）

酒米（酒造好適米）

12月に千葉の「岩の井」「木戸泉」の2つの蔵を訪問しましたが、「木戸泉」さんでは、ちょうど米の「洗い付け（洗米＝米研ぎ）」が始まっていました。使用する酒米は、千葉県の酒造好適米「総の舞」。同時に有名な「山田錦」も洗米されましたが、これは機械洗米。「総の舞」は手洗いです。米の種類だけを考えれば逆？と言うところですが、「総の舞」は麹米になるので手洗い。なるほどそこまでこの米は評価が高いのか、と気づかされました。

最近では、ちょっと無名な？このような地元産酒造好適米もさかんに使われ、これらのお米の名前を表示したお酒も出回り始めています。毎年、特に酒造に適した性質をもつ「酒造好適米」は各県毎に指定され、発表されています。昔からの「山田錦」「五百万石」「美山錦」「雄町」「八反」など定評のあるものは、その名を残していますが、一度は指定を受けても消えていく、あるいは使われていないものなど、今この瞬間にも生まれたり、消えたりがあるに違いありません。

「酒造好適米」の価格は飯米の2倍くらいと高価ですが、「酒が造りやすい」「貯蔵で出世する」という何物にも替えがたい長所を持っています。高価であるために大吟醸酒や吟醸酒のように高額な金額で販売されるお酒に多く使われますが、一般的なお酒にも、麹米や酒母米には「酒造好適米」を使うという酒蔵さんも多くあります。

さらに、酒造用原料米として運び込まれる酒米の中でも、「酒造好適米」の格下にある「飯米」とか「一般米」と呼ばれるお米でも、今は酒造に適した性質を持つお米が各県単位に開発改良され、「酒造好適米」のちょっと手前、いずれは指定を受けるという意味の「準酒造好適米」とか「酒造適正米」などと呼ばれるお米も誕生しています。

『地酒』という名前からも「地元の水」、そしてその県が発祥地である「酵母」があればそれも条件のひとつ、当然「地元米」を第一の条件として『おらが県の地酒』という風潮もこれらの米の開発を尻押ししているに違いありません。「酒造好適米」には及ばずとも、比較的安価で性質の良い酒米の開発競争は、日本酒の大きな味方と言えます。

原題：雅楽の鑑賞
（253号／２００９年8月掲載）

〝力〟のある米を選ぶ

7月11日に、日本の古典芸能「雅楽」の鑑賞会が駿河台のカザルスホールで開かれました。このホールは、パイプオルガンなど貴重な楽器が組み込まれています。

雅楽は奈良平安時代を彷彿とさせる音楽と舞ですが、あまり一般に知られていません。しかし千代田区で小学生時代を送った者にとってはなじみのある芸能です。神田和泉屋店主は太平洋戦争が終わって最初の小学校一年生でした。世の中はまだまだ混乱していましたが、そんな時代でも千代田区は区内の小学生に皇居の楽堂で雅楽を鑑賞させていました。たまたまテレビで雅楽が放映されると見入ってしまうのには、あの頃の懐かしさがあるためでしょう。

今回の公演は、楽器「ひちりき」の奏者からのご案内でした。その奏者は清酒「木戸泉」の秋場杜氏。奥さんは舞手。これだけでも「えっ」という感じですが、その道に誘ってくれたのが、同じ楽器奏者の木戸泉の蔵元荘司社長だったということですから驚きです。実は長いおつき合いながら、今が今までまったく知りませんでした。

鑑賞の後、神田和泉屋で小宴が催されました。出席者は木戸泉蔵元ご夫妻と社員2名。さらに旧友の古山新平さん。彼は雅楽を通して木戸泉と知り合いになったと聞いてまたまた驚き。彼は2年ほど前までは北区十条にある「日本ソムリエスクール」の校長。その前は、私が長年講師を頼まれ講座を受け持っていた酒屋のグループ「エスポア」の専属講師。さらにその前には南極越冬隊員も経験。氷に閉ざされた越冬隊員の無聊を慰めるために日本酒の南極への持ち込みを提案、２７００本を昭和基地に持ち込んだという逸話の持ち主でもあります。南極時代の彼とは巡り会っていませんでしたが、彼の選んだ日本酒がほぼ神田和泉屋の取引先ということもあって、その後、意気投合。世間ではちょっと変人扱いをされていますが、なかなかの人物と思っています。

小宴ではちょうど木戸泉の初呑切り原酒が届いていましたのでこれを開栓。自然農法米「五百万石」と酒造好適米「山田錦」の2種類です。自然農法米を使用したお酒は出る酸がシャープでちょっと苦手。ところがここ数年の間に「山田錦」よりもバランスが良く、これこそかつての個性豊かな「木戸泉」というほどの変化です。「山田錦」のほうはと言いますと、妙におとなしい。「長年の苦労の結果、自然農法米の性質を蔵が掴み、米に馴れたのではないか」と言いましたところ、古山さんは「自然農法米が木戸泉にすり寄ってきた」と表現していたそうです。言い方は違っても意味は一緒。世の中「酒造好適米」全盛のなかで「自然農法米」への転換を図ってきたこの酒蔵にとってはたいへんな意味があります。「なぜ自然農法米？」。ずいぶんと昔、まだきつい酸が出ていたころ、前の杜氏の永井さんに「どう違います？」と質問したところ、「蒸米を甑から掘り出すとき、米を踏むとカラダが持ち上げられるんですよ」という返事に妙に納得。以後私の口からこの手の質問は出ることはありませんでした。酒造好適米にこだわらず、有機という言葉を使いたいということでもなく、米そのものに力があるものを選びたい、ということだったのでしょう。しかしこれまでの期間、ずいぶんと辛い思いをしていたに違いありません。第一、私自身が良い評価をしたことがないのですから、世間の評価も推して知るべしです。有機農法米を使い、7号酵母以外を一切蔵に持ち込まず、高温糖化山廃酒母で仕込む。菊姫の山廃純米酒の誕生までには7年間かかったなど、どの酒蔵でも何かを確立しようとすると10年の時間が必要になると感じました。

（139号／2000年2月掲載）

酒造り用の水

「酒造り用の水」と聞いただけできっとおいしい水に違いないと誰もが思うはずです。入り口に「ご自由にどうぞ！」と水のサービスをしている蔵もたくさんあります。川越の「鏡山」さんも数年前に蔵の入り口に蛇口を用意しました。

「水をくださいという方が多いので仕事の手を休めないで済むように設備したんですよ」

と竹内孝也《こうや》社長がニコニコ話されていたのが思い出されます。

確かに酒造りに水はとても重要です。

「よくできたなぁ～という時にはうちの水の味がします」

とは定年退職された「菊姫」の農口杜氏さん。

「温度が少し高いんですよ、冷水設備をしてもらって温度を下げて使っています。でもとても良い水です」

とは、「四季桜」の先代杜氏佐々木守一さん。

どこの蔵でも水自慢です。

チョンマゲの時代には大量の水を運ぶことは不可能です。当然、酒蔵は良い水が大量にある場所を選んで蔵を建てます。普通の家庭が家を建てるときに良い水があるかどうかはあまり気にしないのとは対照的です。さらに酒造用の水は美味しいだけでなく、成分も雑菌が繁殖しにくく酵母菌が活動しやすいものをたくさん含んでいる必要があります。

千葉県外房大原の「木戸泉」さんの酒銘も、大木戸の近くで良い水を見つけたことからきています。しかし今はその敷地から出る井戸水だけでなく、隣町近くの水も運んで混ぜて使っています。水質や成分の調整をこのようにして行う蔵がかなりあります。

水を守るのは大変で、住宅地が迫って台所水、風呂水などの生活の雑排水がしみこんでくる、河にダムができ水が堰き止められ水が悪くなるなど、さまざまな悪い要因が発生しています。水源地にマンション建設計画が持ち上がり、水脈が分断される危険が出た大阪の「呉春」さんは、用地を借り上げて地下水を守りました。市街地だけではありません、「四季桜」さんを訪問の途中、近くで給油を受けようとして断られた人がいました。昔、スタンドを建設しようとした時、そのスタンドが洗車サービスを行わないことを条件に、「四季桜」さんが建築を承認したことが理由でした。先代が、石鹸水が地下の水源に流れ込むのを恐れたからです。「菊姫」さんの水源近くにゴルフ場建設計画が持ち上がり、蔵を他所に移そうかというほどの大問題でしたが、誰も理解を示さなかったそうです。しかし、バブルがはじけて建設中止で問題は解消したとか。全国各地で水を守るための闘いがあります。

秋田の「春霞」さんは名水百選に選ばれた六郷町にあります。大きな扇状地でちょっと低い場所の池には水が自噴しています。昔も今も水道はなく、町中の人がこの水を汲んで生活しています。ところが下水だけは設備され、おまけに道路はアスファルト舗装、水が地面にしみこまず、地下水の水位が下がり続けているという手の打てないケースもあります。

今現在、神田和泉屋の関係の酒蔵さんで深刻な水の問題に直面しているのは広島県音戸の「華鳩」さんです。毎日のようにご近所の方が水をもらいに来ています。やはり周辺のどこの水よりも美味しい「替わりのない水」なのですが、新しく瀬戸に掛けられる四国連絡橋の橋脚で水源が枯れる可能性がでました。しかし役所や建設事務所に陳情に行ってもまったく取り合ってくれないと嘆いておられました。日本という国はなぜ文化を守ろうと努力しないのでしょうね？（幸い橋が完成したあとも水源に影響は出ませんでした）

原題：お酒の甘み
（86号／1995年9月掲載）

お酒の甘みを引き出す酵母菌

ワープロで「たけなわ」と入力すると「酣」という文字がひと文字だけ出ます。「宴たけなわですが……」のたけなわです。和やかな雰囲気での宴会で話もはずみ、酒が甘く感じられる時分ということでしょうが、この甘さは雰囲気の甘さを酒にたとえたものでしょう。

それでは酒そのものの甘さとはなんでしょう？　多分に気分の、あるいは人間側の事情ですが、バランスの良いお酒は甘みが少なくても甘く感じることがあります。たとえば大吟醸酒などは、普通のお酒に比べると比較にならないくらい辛口の分析データが出ますが、造りに成功し、良い状態で飲まれた時には甘く感じます。料理も同様で、味付けや温度、歯ざわりなどのバランスがとれているものは、甘い（やわらかい）雰囲気を持ちます。お酒の「辛口」というのもどうも微妙なもので、甘ったるくないのが「辛口」なのか。バランスが崩れて酸が口の中で一人歩きしているような刺激的な感じを「辛口」というのか、UNSWEETかHOTか人によってとらえかたが違っているようです。

日本酒は主原料を米としています。これが麹の糖化酵素によって溶かされて糖分となり、酵母菌の食事となってお酒ができ上がる仕組みですから、一部の糖分が残糖となってお酒が甘みを持つことは容易に理解できます。使用されるお米の種類によってお酒の味の特徴がでるでしょうし、その特徴的な味の中心が米から来る甘みの違いとも言えます。しかし、中にはそうでない、原料からでない甘みもあります。お酒造りの主役「酵母菌」の違いから来る味（甘み）の違いです。酵母菌は主にお酒の香りにだけ顕著な違いを出すと考えられがちですが、大吟醸酒造りに最適と言われる熊本県酒造研究所（酒蔵「香露」）で採取された9号酵母などは、良くできた時には植物性でない動物性の感じの「蜂蜜を水で溶いたような何ともいえない上品な甘み」をお酒に出します。

全国的に使用されている9号酵母ですが、全国の酒蔵さんに頒布される「協会9号」よりもやはり採取された熊本県酒造研究所のものが一番（？）なのでしょうか、研究所から直接酵母菌を分けてもらっている酒蔵さん「菊の城」「西の関」「華鳩」さんなどの吟醸酒には、「9号の香り」とともに「9号の甘み」が良く出ています。

先日、機会があって『香露吟醸』を開栓しました。平成4BY産のこのお酒、当然ながら熟成によるとろみとともにあの上品な甘みが典型的に出ていました。大吟醸酒ではないので吟醸香は期待しませんでしたが、意外なほどにこの吟醸香《ぎんじょうか》が出ていました。熟成によるとろみと枯れた感じと甘みがバランス良く、ちょっとした感動でした。500ミリリットルとちょっと小さめの瓶詰めですが、ひとり1本ずつを空けてしまいました。

酵母菌の頒布

――書き下ろし――

「まったくおかしな話です。キリンビールやアサヒビールが酵母菌を出したことがありますか！　カルピスが乳酸菌を外部に出したことがありますか？　みんな企業の最高機密、外に提供するなんてことはありませんよ」

と、ある蔵元。言われてみれば確かにその通りです。日本酒の世界だけは、どこかの蔵で優秀な酵母菌が発見されると、採取され、日本醸造協会などで培養され、希望する酒蔵に頒布されます。これには日本特有の理由があります。

江戸時代には、酒は科学されておらず、酒造りは偶然に左右されることが多く、造るのも直すのも杜氏の経験と勘。そのため生産されるお酒の約一割が酒にならない「腐造」となっていました。当時、酒税は税収の三本柱のひとつというほどのものでしたから、大きな国家的損失でした。現在とは違って「酒と言えば清酒」、ビールやウイスキーの生産量はないも同然の時代です。そのために明治政府は国税庁醸造試験所を設立し、「鑑定官」という醸造の専門家を育成、清酒を科学し、安全に酒造りをする研究をさせ、酒蔵の指導に当たらせました。

酒造中に問題が起これば、鑑定官の先生が、人力車で酒蔵に駆けつけ難問を解決、「先生が見えたから、もう大丈夫」と神様のように信頼、尊敬を集めていました。今も酒蔵さんには鑑定官の先生が泊まる部屋が残っている酒蔵さんがあると聞いています。酒蔵さんを指導する鑑定官と酒蔵さんの間には、師弟関係のような、ちょっと適当でない言い方ですが、親分子分のような関係があるのです。蔵で発見された酵母菌の持出は、名誉なことではあっても不満なことではなかった感じです。

当時は酒造りの主人公の酵母菌も「蔵付き」とか「家付き」と呼ばれる蔵に住み着いた種々雑多な酵母菌が存在しており、培地（酒母）になにが生えてくるかわかりませんでしたから、かつては生酛や山廃などの手法でより強い酵母菌を選別していましたが、常に発酵力の強い酵母菌が入っているとは限りません。やはり性質の優れた酵母菌の採取、培養、頒布は重要なことでした。

これらの仕事を担当したのが、明治時代に設立された「日本醸造協会」です。元鑑定官や醸造試験場長のような醸造学の先生方が、研究開発、酵母の頒布をしています。「きょうかい○△酵母」というのがこれです。第1号は灘の「桜正宗」さんから採取されました。明治のころにいつも安定して酒ができていたのは「灘の酒蔵」さんでしたから、「灘の酒蔵」さんが、仕込み水も含めて、すべての研究の対象となりました。

国税庁醸造試験所の研究は多岐にわたり、酵母菌を健全に大量に育成する方法の「山廃酒母」「速醸酒母」も開発。お酒造りは格段に安定したものになりました。もちろん功の方が圧倒的に大きかったことは言うまでもありませんが、全国のお酒の画一化をもたらすという功罪の罪の部分もあったのかもしれません。酒造りの業界は保護され続けてきたせいで、酵母菌を独自に育てるという発想も必要性も生まれにくかったのかもしれません。あるいは家業的な規模が多く、そこまでの設備や体制が整わなかったのかもしれません。

「大手企業はともかく、わたしらの規模で、自前で酵母の培養までできる蔵元はほとんどありません」

という声も……。

現在もほとんどの酒蔵さんが「きょうかい酵母」を購入してお酒を造っています。現在も多くの酒蔵で使われている酵母菌は、秋田県の「新政《あらまさ》」の6号、長野県の「真澄《ますみ》」7号、熊本県「香露《こうろ》」の9号、「明利酒造」の10号、この酵母菌は別名採取者の名前から「小川酵母」とも呼ばれています。これらがその優秀性から今なお使われ続けています。

「きょうかい酵母」以外にも「賀茂鶴」さんや「月桂冠」さん、前述の「明利」さんなどから酵母菌の頒布を受けている酒蔵さんもあります。これらの酒蔵さんは、製造免許や販売免許のほかに「酒母免許」という耳慣れない酵母販売免許をもっています。どの酒蔵さんも勝手に自社の酵母菌を販売することはできません。

最近「金沢酵母」という名前で出回り始めた14号酵母菌は、石川県「菊姫酒造」さんから出たものです。菊姫さんでは、「きょうかい9号」が頒布される以前に、この酵母菌が局の先生の依頼によって、この蔵で培養、分離されました。この酒蔵では、毎年すべてのタンクから酵母菌を採取し貯蔵。一年後の経過を見て、その中からご自身の造りたい酒に合った酵母菌を選んで次の造りに使うという地道な努力を重ねて、入手した優秀な酵母菌です。北陸酵母研究会より販売したいと申し込まれ、「菊姫酵母」は「金沢酵母」となり、「きょうかい14号」として頒布された年には、「これで菊姫と同じ酒が造れる」と多くの酒蔵さんが使用。しかし翌年には、これを使用する酒蔵は半減しました。理由は同じ酒が造れなかったからです。

当然のことながら酵母菌がすべてではありません。さまざまな要素がからんでいるのです。どこの酒蔵さんもそんなことは百も承知ですが、いとも簡単に飛びつきます。そんな気風が酒蔵さんにはあるように思えます。これからの酒蔵さんに求められるのは「地道な努力」です。最近では「1801」とか「1901」といった酵母菌が「日本醸造協会」から売り出されています。れっきとした「きょうかい酵母」ですが、全国各県ごとにしのぎを削って研究開発されている「香りぷんぷんのお酒」を造る酵母菌です。古くは秋田県の「花酵母」、長野県の「アルプス酵母」と同じような異常な酵母菌です。複数の酒蔵から酵母菌を集め、これに薬品を入れて突然変異を起こさせて作ったものです。酵母菌は糖分を食べてアルコールと炭酸ガスを出しますが、この酵母菌、自分で作ったアルコールに反応して、大吟醸の中心的な香り「カプロン酸エチルエステル」という香気成分を出すと言われています。巷に氾濫する香り高い純米酒や吟醸酒などは、この酵母菌によって作られています。

吟醸香は酵母菌が食べるものもない状態で低温下で生き続けるときに、苦し紛れに出す香りと言われています。大吟醸酒用の米のように50％以下に精米されている状態です。吟醸酒や純米酒程度の環境では、吟醸香は誕生しません。日本酒がぶどうから作られる農産物加工品のワインの一種のように扱われる昨今では、この異常な酵母菌の使用も、見る角度を変えれば正当なのかもしれませんが、私は認めたくありません。人工的な香付けのヤコマン酒同様に、醸造の研究者たちが考え出したお酒です。

やはり日本人の心を癒し勇気づける民族のお酒「日本酒」は、まともな酵母菌からしか誕生しないのではないでしょうか。目新しい酵母菌の頒布に飛びつくのではなく、もっと地道に「自分が造りたいと思う酒」を造ってくれる酵母菌を自分の蔵で育てるという、気持ちの切り替えをしなければならない時期に来ていると思います。

10年前、醸造科の学生が卒業制作として酵母菌の採取と酒造りをしました。酵母菌は「花」と「桜島の砂」から採取。なかなかの出来でした。また東北のある酒蔵さんで、蔵内に何十年もかけっぱなしのカレンダーの裏から採取された酵母菌が活躍し、上品で個性あるお酒が誕生しているという話もあります。やる気さえあれば、気持ちさえ切り替えれば、酒蔵さんでできることです。

見直される天然酵母

原題：天然酵母
（133号／1999年8月掲載）

世界中のどのお酒も、お酒造りの主役は酵母菌という微生物です。この微生物が人間より遙かに古い太古の時代から果物や樹液などの糖分を食べてアルコールと炭酸ガスを出してきました。これがお酒です。

現在では、日本酒の世界でもワインの世界でも、その性質が優れているものが純粋培養され頒布されています。大吟醸に向いたもの、純米に向いたものなどと区別されています。各酒蔵では目的にあった酵母菌を購入して酒造りをしています。チョンマゲの時代には大事にされた（というより存在さえ知られてなかった）家付き（蔵付き）酵母も純粋培養酵母の出現で、哀れにも「野生酵母」などと名も変えられて消毒殺菌されるという虐待（？）を受けています。

でも「純粋培養酵母」といっても、もともとはどこかのぶどう畑か蔵内に住み着いていた酵母菌です。日本酒では、〇×号などと番号が振られて、採取された蔵もだいたい判っています。ワインの世界でもきっと判っているんでしょうね。もっとも日本でも「私どもの家の酵母菌が醸造協会○号の酵母として……」などとパンフレットに書いたりはしていません。消費者にはまったく知られていないことなので意味がないのでしょう。

以前、「神田和泉屋学園」のフランスワイン科を担当していただいた故森山猛先生の話では、ボルドーのシャトーペトリュースでは、畑のぶどうに付いた天然酵母を使ってヨーロッパの王室向けのワインを造っているとのことでした。きっと優秀な酵母菌なんでしょうね。最近では神田和泉屋の輸入する、ラインヘッセンのワイングート　ドクターシュネルが、無農薬有機農法で天然酵母使用ということが判っています。そのせいかどうかはわかりませんが、なんとなく優しい感じのするワインです。

日本酒の蔵グセ（個性）は水や気候、杜氏さん……、そして殺菌されたはずの家付き酵母のせいだろうと言われています。純粋培養酵母と一緒に家付き酵母も働いている。だから隣り合った酒蔵で様々な材料を一緒にしても違った酒になると言われています。

お酒を安全に発酵させるために、優秀な酵母菌を普及させる国の指導は、大きな成果を上げたのは間違いありませんが、他方で個性の均一化を進めた部分もあります。「全国新酒鑑評会」もその一端を担いました。優秀な技術や材料（酵母菌も含めて）が全国に広まりました。

全国どこの日本酒を飲んでも同じという酒の画一化です。

ところがここにきて家付き酵母を見直そうという動きがあります。劣等なものでは困りますが、〇号などと認められなくても、その蔵の様々な条件の中で、すばらしい働きをしてくれる酵母菌がまったくないということはないでしょう。

吟醸ブームから始まった香りの良いお酒。「まるで白ワイン」のような香りのお酒が、若い女性にまでも日本酒に興味を持たせた「日本酒の救世主」でしたが、いつの間にやらインチキ香り付けの「ヤコマン酒」、そして酵母菌に突然変異を起こさせて香りを異常に出させる、「バイオ酵母」で造ったお酒まで出現、止まるところを知りません。今人気の純米吟醸などほとんどがコレです。ちょっと遅きに失した感はありますが、「家付き酵母」の見直しなどの動きが良い方向への出発点になることに期待しています。

香り重視「バイオ酵母」の将来は？

原題：「酵母菌」（155号／2001年6月掲載）

酵母菌の英語名はイースト。「あっ、パンを作る時に使う菌だ」。そう、その微生物です。酵母菌も人間と一緒で得意、不得意があり、パン作りの得意なものもいれば、酒造りが得意なものもいます。酵母菌は単細胞ですが生き物です。何かを食べなければ生きていけません。その食べ物が糖分です。天然自然界では果物の糖分や樹液の中の糖分などを食べて生活し、排泄物としてアルコールと炭酸ガスを出します。

酒造りが得意な奴の中でも、ビールが得意だったり、日本酒が得意だったり、さらに言えば、吟醸酒が得意だったり、純米酒が得意だったりといろんな奴がいます。もともとは各蔵に住み着いていた酵母菌、ワインであれば畑に住み着いていた酵母菌です。その中からすぐれた性質のものが培養され「純粋培養酵母」として頒布され使用されています。そして科学の発達した現在では純粋培養だけでなく「バイオ酵母」も誕生。この酵母菌は人の手で突然変異を起こさせた菌で、自身が出したアルコールに反応してフルーティーな香り成分を出すと言われています。大吟醸造りではこの吟醸香を出すのがたいへんですが、この手の酵母菌を使えばいとも簡単に出せ、味のきれいな?香りプンプンのお酒ができあがります。

5月29日に審査結果の発表があった「12酒造年度全国新酒鑑評会」では、やはりこの「バイオ酵母」と呼ばれる酵母菌で作られたお酒が好成績でした。売れ行き不振の日本酒を洋酒風にして復興させようとする?救世主になっているという見方もできないこともありませんが、「バイオの酒造りは日本酒に対する犯罪だ」という声もあります。

今まで国税庁醸造試験所が行っていたこの全国コンテストも、今年から独立行政法人化された機関「酒類総合研究所」によって開催されましたが、この「全国新酒鑑評会」はすでに民営化以前にバイオ酵母に乗っ取られ、心ある吟醸蔵からは嘆きの声が聞かれました。さらには、これからはもっとも権威のあるものは以前の国税庁の主催する「全国新酒鑑評会」の前哨戦であった「各国税局の鑑評会」と言われましたが、今年を見る限りすでにこれもバイオ酵母の世界となってしまったようです。

しかし、大吟醸の酸が普通は1〜1.4ぐらいなのに、2近くあるような味のどっしりした大吟醸が市場で評価されるという傾向も出始めています。神田和泉屋でも熊本県酒造研究所の

9号酵母で造った伝統的な造りのお酒が好評です。大阪市場でもやはり酸のしっかり出た大吟醸が好評と聞いています。行くところまで行ってしまった酵母戦争の結果、味のない香りだけの吟醸に食傷気味になったということでしょうか？

しかし、皮肉なことにこのどちらもほとんどが、熊本県酒造研究所の9号酵母が母胎となっているようです。要はその酵母菌を人間がどのように使うかでまるで違う世界のお酒が誕生するということです。酵母菌は人間のためにではなく自身が生きるためにひたすらお酒を造り続けています。酵母菌は口が利けたらなんと言うでしょうかね？

「12酒造年度全国新酒鑑評会」というのはこの冬に造られたお酒のコンテストです。酒造年度は7月1日から6月末までとなっています。お酒は新米で造りますので、新米の出るシーズンの7月から年度が始まります。そのため新酒鑑評会は「新酒」を名乗る以上は必ず6月末までに終えなければならないのです。でも最近では安い外国のお米も利用する機運が高まっていますから、国によっては4月～5月に収穫できるお米も運び込まれるかも知れません。酒造年度が意味をなさない時代が近づいている、そんな感じがします。いつかはワインのように「収穫年度」をラベルに記載する、そんな時代が来るかも知れません。

造りの現場から

（15号／1989年10月掲載）

精米と洗米

精米はお酒に欲しくない成分を取り除くために行われます。いらない成分の主なものにたんぱく質と脂肪があります。これらの成分は、お米の比較的外側にありますから、外側を削る＝精米することによって取り除くことができます。お米屋さんで売っている白米は、米同士をこすり合わせて、胚芽と表面をわずかに除いただけのものです。だいたい玄米の1割程度を糠にしたので、精米歩合は90％程度となります。

――精米と精白――

よく精米歩合が65とかいいますが、まぎらわしい表現に「精米」と「精白」があります。

同じ意味のようになにげなく使われています。数字が50％の時はいいのですが、それ以外の時は誤解を招きます。精米歩合は残った白米の重さを、精白歩合は糠の重さを、それぞれ玄米の重さで割ったものです。精米65％と精白35％は同じということです。「％」の代わりに「割」というのも使われます。精米6割5分と精白3割5分です。

――真性と見かけ――

数字のマヤカシ？といえば、精米35％という数字にも2種類あります。通常表示される数字は、見かけの精米歩合です。100キロの玄米を精米機にかけ、糠が50キロ出たら精米50％という計算です。しかし、50キロの糠が出ても、糠の中には砕けたお米も入っていて、一粒一粒をみると、50％の重さになっていないということになるのです。そこで、形の整った千粒の玄米の重量を量っておいて精米、砕けていない形の整った精米済みの米、千粒の重量と比較して表示する「真性の精米歩合」というのがあります。35％と表示されていても、精米がうまくいってないと、真性では45％ということもおこります。ですから、精米の数字もそのまま鵜呑みにできません。

――北の米と南の米――

同じ精米歩合でも、お米の質によって結果はかなり違います。チマタでは「精米○○%」だけが声高にいわれますが、数字だけにごまかされてはいけません。一般的に北のお米は粒が小さく固く、ヒダが深いという性質を持ち、南のお米はその反対の性質を持ちます。精米についていえば、同じ数字の精米をしても、ヒダの深いお米はヒダの奥までは精米しきれず、十分な精米が行われたことにはなりません。反対に南のお米はヒダが浅いために、たいした精米を行わなくても、良酒造りに欲しくないたんぱく質や脂肪を含む部分を取り除くことができます。また品種によっても含まれている各成分が違います。50%の精米でも、A品種ではたんぱく質がほとんどなくなるのに、B品種ではかなり残ったりします。ゆめゆめ、数字でお酒の善し悪しを判断しないようにしてください。

――精米のいろいろ――

精米の仕方にもいろいろあります。自分のところでする自家精米、これがなかなかたいへんです。精米所を用意し精米屋と呼ばれる専門職を雇わなければなりません。しかし、自分の納得できる精米ができるという利点があります。

経費的にもたいへんだということで、酒蔵さんが共同で精米所を作り、それぞれ自分のお米を持ちこんで精米する共同精米があります。でも精米中、付きっきりで見ているわけではないので、注文通りの精米歩合か、よそのものと混ざったり間違えたりしないかという不安は残ります。しかし大手の商社からの売りこみのある精米済みのお米よりは安心です。といいますのは、玄米を見ていないので、精米歩合が注文通りかどうかは分りませんし、精米してしまうと古米も新米も区別がつきにくいからです。ただ手間がかからない、価格が安いということだけが利点です。大手商社といえば、化学精米というのもあります。精米機を使わず、酒造りに要らないたんぱく質などを酵素やアルコールなどで処理してしまうというものです。原料が目べりしないという利点はありますが、でき上がるお酒は？？？

最近使われ始めた多用途米も、精米された段階で頒布されています。国が格安でお米を下げ渡すものですが、どこのどんなお米か分からないのと、精米が75％[※注]と規格化されています。ところが再度の精米は技術的に無理なので、高級酒を造っている酒蔵さんには使いようがないといわれています。また反対にそんなに精米する必要はないという酒蔵が多いのもまた現状です。

※注　最近は希望の精米歩合にして出荷しています。

――吸水と洗米――

洗米は当然のことながら、水で行います。ということは、洗米中も水にふれているわけで、吸水も行っています。精米の程度が低ければ（70％くらいまでですと）、洗米をしてその後も7～8時間浸漬し、十分に水を吸わせて蒸します。おおざっぱにいえば、洗米と吸水は別の作業といえます。

ところが大吟醸酒のように精米が50％などということになりますと、摩擦熱でお米が非常に乾燥しています。70％までの精米でしたら所要時間は8時間程度ですが、50％精米には連続30時間以上かかります。米がもろくなっているので、軽くちょっとずつ削るためで、1時間精米機を動かしてもほんの少ししか糠を出しません。目的の精米歩合まで不眠不休で精米をします。何回も何回も精米を受けるお米は次第に摩擦熱で熱くなり、水分を失ってお米が乾燥していきます。

乾燥したお米は水を吸いすぎるために、洗米と吸水を同時に短時間で行う限定吸水という吸わせ方をします。杜氏さんがストップウォッチ片手に号令をかけ、ザルに入れたお米を水に漬け洗米しながら吸水させます。この間、数分。上げて水を切ったお米はハカリにかけられ、予定に足りない分は霧吹きで水を噴霧して微量の吸水を調整します。

――調質と調湿――

限定吸水は大変な作業です。冬の最中に、冷たい水と重たいお米を手作業で扱わなければならないのです。ここでの水の吸い過ぎはもうどうにもなりません。たいへんな神経と労力を使います。そこでもっとゆっくりと時間をかけて吸水できないかということで、加湿をする装置が開発されました。洗米前の水分の量によって、吸水する量が決まることが判ったためです。乾燥したお米でも湿気を適度に与えれば、水に浸けたままでも、予定どおりの水分を吸わせられるのです。

酒造りではこれを湿度調整の意味で「調湿装置」といっていますが、この装置、酒蔵さんよりも街のお米屋さんに普及しています。ただ、お米屋さんでは、調湿と言わず「調質」と言っています。御飯はお米の湿度を18％に調整すると、吸水が適当で美味しく炊けるそうです。質を調整するというために、湿度を与えるわけです。

ちなみに、政府買上げのお米の湿度は基準があって、湿度14～16％でなければなりません。ということは、調質によって2～4％お米の重量が増える？　お米屋さんに普及している本当の理由は、このせいなのかも知れません？

造りの機械化

原題：酒蔵さんの機械化
（25号／1990年8月掲載）

数年前の月刊誌に大手酒造メーカーの記者会見の記事がありました。「五十万石復帰が目標」という見出しがつけられています。

かつて日本一の生産量を目指し百万石の設備投資をした会社ですが、最高五十万石までいっただけで、設備が半分眠ったままです。その後、他の大手メーカー同様毎年減産を強いられて、現在は四十七万石と少しとなっています。若手採用とファジー理論の酒造りで、五十万石の復帰を……ということですが、ファジー理論、別名あいまい理論で酒を造るということとが、業界での話題となっている、と書かれています。

これらの大手メーカーさんは、大量生産と省力化のために、コンピューターと機械をたくさん導入しているわけですが、なかなか機械では良い酒造りはできません。杜氏さんの経験というか、人間のみが感じることのできる部分というのでしょうか、理屈ではない、ソフトには造りえない部分です。この部分を杜氏さんの勘を取り入れる、すなわちファジー理論というわけです。

機械でできないことを人間の経験と勘で補うということです。同時に機械化、コンピューター化を進めることにより、蔵人不足の解消にもなる、これからの酒造りの方法である、というわけです。


――コンピューターのお酒――


コンピューターの有名な先生がたの、飲んだ席での雑談です。

「菊姫、菊の城さんなど名杜氏の酒造りの経過をコンピューターに入力すれば、けっこう標準並の大吟醸酒ができるのでは……」

という、何か実現しそうな雰囲気の話が出たりします。お酒も単に米からアルコールを作るだけではないので（もっとも最近は、そんなのがやたらと増えています）、画家が絵で自分を表現するのと同じで、本物のお酒は、いかにそのお酒に造る人の思い入れが注ぎ込まれているかが決定的な要素となりますから、無感情な機械だけでは飲んだ時の感動を伴う、本物の日本酒は造りえないようです。ということで「やはり、無理かね～」ということに毎回落ち着きます。

江戸や明治の時代からすれば、ずいぶんとたくさんの機械が酒蔵さんの中に入ってきたわけです。最近の機械化は、コンピューターも含めて、たいへんな勢いです。酒蔵に機械が次第に入っていくという現象だけを見ると、小さな酒蔵さんも同じように見えるかも知れませんが、ファジー理論とは違う機械化もあります。杜氏さんの手助けとして機械を導入している例です。

酒蔵さんでは〝量る〟と〝運ぶ〟という仕事がたくさんあります。米を量る、仕込み水を量る、水分含有量、温度測定……、米を運ぶ、蒸し米を運ぶ、水を運ぶ、お酒を運ぶ……、かつては、すべて人がやっていたことです。

もろみタンクに仕込み水を入れることを想像してみて下さい。タメといわれる木桶に水を入れて、時には温度を調整するために氷を入れて、肩にかついで、1つ、2つ……と数えながら、タンクのはしごを登って汲み入れます。

人間のやることですから、途中で数が分からなくなることだってあるでしょう、まぁこんなもんだろうといい加減な水の量になるかもしれません。また、木桶に入っている水の量も厳密ではありません。しかもかなりきつい労働です。お酒のロマンという点からすれば、絵になるかも知れませんが機械にまかせれば、水の温度も正確、量も何リッターと正確に量れます。米を運ぶのも量るのも機械の方が正確で、労働の軽減にもなります。

——肝心なところは機械にまかせない——

数年前に、石川鶴来の菊姫さんが、蔵を増設した頃にお伺いした時のことです。杜氏さんの部屋に、もろみの温度変化をグラフ表示する表示板が設置されていました。

「今までは、時間を決めてタンクの中の温度を測って、タンクにかけてある黒板に数字を書き込んでおりましたが、あくまでもその数字は点でしかありませんでした。今は温度の経過を線で見ることができます。しかし、こんなにきれいな曲線で温度があがっていくとは……」

と言っておられました。

杜氏さんの手助けをしている機械です。タンクの中心には冷却用のフィンが埋められ、どのタンクにも冷水の配管がされています。温度センサーは、フィンとタンクの壁のちょうど中間に設置され、測られた温度が杜氏さんの部屋に表示されています。

グラフの線が予定温度に達した時、話をしていながら、ちらちらと表示板を見ていた杜氏さんが、バタバタともろみタンクに走って、はしごを登り、冷水コックを開きました。コックはすべてもろみタンクの上に付いています。ついでにとなりのタンクも覗いて観察をされていました。

その時たまたま、この冷水配管と温度センサーを納めた酒造機械屋さんがきていました。設備の便利さが話題になっていたので、この機械屋さんが、

「ほんの少しの費用でセンサーと連動して冷水コックを開閉することができますよ」

と機械屋さんなら当然といえる発言をしたのですが、菊姫の若社長は、

「お前は何年酒屋をまわっとる！　だから駄目なんや！　理屈はそうだが、グラフを見て杜氏が走り、コックを開閉するためにタンクの上に登れば、いやでも酒が見える。そこに杜氏と酒の会話があるんだ！　それがなくなったら、酒じゃあない！」

と叱りつけておられました。

蒸し器、麹室、随所にさまざまな工夫が凝らされていましたが、これらは杜氏の仕事を、蔵人の仕事を少しでも楽に正確にするための工夫や機械の導入です。これらの設備、機械は、あくまでも造る人を助けるためのものでした。ファジー理論を唱える大手さんとの決定的な考え方の違いです。

――〝酒の漫画〟の功罪――

数年前、長野県松本市郊外の小規模な酒蔵さんに行ってきました。その時、お酒を題材にした漫画のことが話題になりました。

「よく描かれていると思います。でも実は困っている部分もあります。酒のロマンは結構なのですが、現場の実情と違うところがありすぎるのです」

「あの漫画のとおりだとすると、とても酒造りは続けられません。見学の方が見えて、『えっ、有機農法のお米じゃあないんですか？　自分で米作りをしていないんですか？　機械でお米を洗ってるんですか〜』と……」

「あの漫画の画面と同じ設備と作業を期待されるというか、そうでなければならないという感じなんです」

「しかし、現実には明治時代と同じ道具、設備でというわけにはいきませんよね。まして今は、酒蔵で働く人は減る一方だし、下働きの出稼ぎは、道路や新幹線の発達で地場に大企業が進出して、労働力を奪ってしまいますしね」

「そうなんですよ、例えば、米にしたって、無農薬、有機農法でなんて、どの農家さんもやってくれませんよ」

「酒造好適米の無農薬栽培なんて気が遠くなりそうですね」

「農薬の散布の回数を、六回から一回に減らすことを今年からして、『れんげ米』と名付けていますが」

「もっとも、農薬は胚芽と糠になる部分にたまり、精米でほとんど取られてしまうし、仮に残っていたとしても、醸造という過程で液体には残留しませんよね、酒粕もかなり出るし……、それだったら農薬を使っている畑の空気を吸う方がよっぽど……という感じですね」

「自然食品的あるいは健康食品的発想は、お酒造りには適応しませんね。まぁ一番わかりやすい説明ですから、そんな理屈が使われるのでしょうね」

自分は、週休2日でさらに休暇をといっている都会人が、農家にだけこんな労働を要求するというのも、考えてみれば変な話です。労働の軽減のためにも、機械の導入は必要なわけです。

「人を助ける道具や工夫は、酒造りを続けるためには今後も必要なんですが、良いお酒は古い設備からしか生まれないと思われてしまっているのは、残念です」

という酒蔵さんの言葉。どう受け取ります?

日本人は、何ごとにも極端、黒か白かなのでしょうか?まったくのコンピューター機械造りか、まったくの手造りのどちらかしか、存在を認めないのでしょうか。

活性炭素ろ過とお酒の色

原題：お酒の色
（48号／1992年7月掲載）

グラスに注ぐと、水のように透明な液体の上部に真っ白な泡が出たらどうでしょう。ビールにあの黄色がなかったら、ワインも水のように無色で、飲んでみて初めて、あっ赤ワインだ、白ワインだと分かるとしたら、ずいぶんと気持ち悪いでしょうね。しかし技術的には可能なのです。活性炭素によるろ過です。

日本酒の世界ではごく当たり前にこんな脱色が行われています。口に近づけて飲んで初めて酒と分かる、まるで水と区別のつかないお酒が氾濫しています。誰も不思議に思っていません。それどころか、色の濃いお酒は雑味のある酒として敬遠される傾向さえあります。

江戸風景を舞台にした落語の『長屋の花見』にもタクアンが卵焼、大根が蒲鉾、番茶が酒の代役となって登場していますが、おそらく庶民の飲む酒はそんな色をしていたのでしょう。精米の悪い米で造られたお酒の色です。一般的には高級なお酒ほど精米を良くして造られ、できるお酒は薄い黄色がある程度です。そのために色のあるお酒は駄目なお酒という見方が生まれたものと思われます。

少々精米が悪くても、造りの途中で失敗があっても（長屋の花見の番茶でも）、活性炭素ろ過を行えば、無色透明な美酒に化けられるのです。おまけに嫌な臭いも取り除けます。無色なお酒が高級酒のご時世にも「色も酒の味の内」といわれた醸造家もおられましたが、飲んで感動するようなお酒には自然な色があり、色は薄くてもトロミを感じさせるような、水とは違う感じです。色の濃いお酒もハツラツとして健康的で、同じ色でも傷んだ方向に進んで出る色とは違います。

たとえば赤ワイン、ピンク色に近い薄い色から褐色に近い色までありますが、ボトルを電球にかざして見てみると、傷んでいないワインは灯りがルビーのように光っています。キラッと光る感じがなければ、それは色が濃いというだけでなく傷みによるにごりです。美味しいものには美味しい色があるといわれていますが、天然自然の色に勝れる色はありません。これからはちょっと〝色〟にもご注目を。

ろ過に活性炭素がどのくらい使われているのかといいますと、『醸造学』（野白喜久雄、小崎道雄、好井久雄〈いずれも東京農業大学の教授・当時〉編著、編集講談社サイエンティフィク、1982

年）の74〜75頁に以下の記述があります。

推定では現在年間約2，000トンの活性炭が，清酒製造に使用されており，市販酒数量から計算すると，1kℓ当たり平均1.2kgの活性炭が使用されていることになる．（中略）活性炭の使用量は酒造場によって大差があり，酒質，出荷時期によっても異なるが，おおむね清酒1kℓあたり500〜2，000gの範囲にある．この量の1/3を火入れ前または火入れ中に，2/3を出荷前にと分けて使用する．

四季桜の『はつはな』が45グラム、菊姫の『山廃純米』が27グラム、豊の秋の『純米酒』が0などというのもありますから、使っているところはそうとうオーバーに平均以上ということです。

俗にお酒1キロリッター当たり1キログラムの活性炭素を使うことを業界では「キロキロ」といっていますが、現実はそれ以上ということですね。過剰な使用は、純米酒が本物で、アルコール添加酒はにせものなどという以前の問題です。

〝火落ち菌〟にやられる！

原題：初呑切り行事
（228号／2007年7月掲載）

もうずいぶんと昔の話ですが、時期は今時分、一回火入れのお酒に事件が起きました。買い求められたお客様から、

「変な味がするんですが……」

驚いてお持ちいただき口に含んでみましたが、たしかに変な味が感じられます。もしやと思い瓶を逆さにしてぐるぐる振って回してみると、なにやらうるんで見えていたものが竜巻のように中心に集まり始めました。

「あっ、これは話に聞いたことのある〝火落ち〟では……」

当時神田和泉屋では、自前のシステムでポイントカードをレジで読み込んでそれぞれのお客様の買い物内容を蓄積、次回にお見えの時のアドバイスの参考資料にしていましたので、大急ぎでお買い物履歴を調べ、ご連絡を入れて変質の有無をお尋ねして回収、中には「なんともなかったよ〜。もうお腹の中です」という方もおられたので、すべての瓶が〝火落ち〟にやられ

たということではなかったようです。蔵へも大急ぎで連絡、貯蔵中のお酒をすぐに手当しましたので大事に至りませんでした。検証のため、蔵では2日ほど温めて増殖の有無を調べたそうですが「やはり白濁が進み〝火落ち〟と分かりました」という電話が入りました。

〝火落ち〟は火落菌という微生物のいたずらですが、そんなに強力な菌ではないのに、不思議なことにアルコールの中で生きることのできる性質を持った乳酸菌の一種とか。これが貯蔵中のタンクの中で増殖すると、白濁し味も酸を感じるようになります。いわゆる腐造、「酒が腐った～」ということになります。山廃などにその危険が多いと言われていますが、麹の作り方の改良などで発生はほとんど聞かなくなりました。衛生管理が十分でないような小さな酒蔵で起こることがらのように思えますが、近代設備の灘の大手さんなどでも起こっていました。

〝火落ち〟にやられたということになりますと、タンクから酒を抜き、再度の火入れ殺菌をしなければなりません。蔵人達が郷里に帰った後の蔵の中です。蔵元と家族だけで、ご近所に知られないように夜中に火を起こして熱殺菌です。昔は重油ではなく薪を使っていましたから、昼間はできません。夏の酒蔵の煙突から煙りが出たら、「あの蔵、酒造りに失敗した」となってしまいます。連日の夜中の火入れ、そして昼間はいつもと変わらぬ生活を……、たいへんなご苦労があったとお年寄りに聞いたことがあります。

この〝火落ち〟のチェックが「初呑切り行事」です。

今年もいよいよ行事が開始されました。顧問の先生を招いて今時分から8月頃までに行う蔵が多いのですが、その理由は〝火落ち〟の危険の多い時期だからというのはもちろんですが、もう1つの理由もありました。それは監督官庁の国税局の鑑定官の先生の移動の時期であるために歓送迎会を兼ねて？持ち寄り会の開催です。しかし最近では役人の接待などまかりならぬと自粛ムードが濃厚となって、鑑定官の先生方も行事が終わるとお茶も飲まずにさっさと帰られるとか……。別に親しく酒を酌み交わしたとして「手心」「癒着」などというものが入りようもないのが酒造りです。

明治以来、酒蔵と指導に当たる鑑定官の親密な関係が醸造上の難問を解決してきたことも事実です。酒宴での先生の一言が大きな工夫を産む、そんなこともあったはず、昨今の杓子定規な規制のギスギスした環境が、眉目《みめ》麗《うるわ》しければ美酒とばかりの香りだけの酒に象徴される「心のこもらぬお酒」の誕生と無関係とは思えません。もっとおおらかな世界を、せめて初呑切り行事には取り戻したいものです。

杜氏さんの話

原題：杜氏さん
（50号／1992年9月掲載）

蔵内では「おやじさん」「親方」とか呼ばれていますが、酒造りの最高責任者です。ほかに麹を造る「麹屋」、酒母を育てる責任者「酛《もと》屋」などの副杜氏ともいうべき人たちもいますが、やはり杜氏さんが最高責任者で、これらの部分もまかせっきりではなく、重要な工程は杜氏さんが行ったり、一緒に作業したりしていることが多いようです。

杜氏さんの蔵内での権限は最高のもので、杜氏さんの命令の下に全員が動いています。しかし最近は人手不足で、気付かない若い蔵子に指図することもなく、蔵内のゴミなどは杜氏さんが拾って歩いたりしています（以前は考えられなかった）。

酒造りの道に入った人は、雑用係から次第に重要な役職にと昇進していくわけですが、誰でもが最高の地位の杜氏になれるわけではありません。役職を登る段階で、特に「麹造り」「酒母造り」という高いハードルを越えなければなりません。これは技術だけでできるものではないようです。

良いお酒は、単に米がアルコールに変っただけというものではありません。飲む人にやすらぎや明日への活力を与えたりする本来のお酒造りには、杜氏さんに芸術家のような感性が求められます。なかなかコンピューターに置き換えられない部分です。

先日もある蔵元さんが「うちの杜氏も63才になりました。後継者のめどはたっていません」と話しておられましたが、どこの酒蔵さんでもこの技術の後継者に悩んでいます。教えられて会得できる部分だけではない酒造りの技術、やはり感性のあるなしが重要なようです。

杜氏さんというと、彫りの深いしわの持ち主のイメージがあります。一所懸命努力しても、あの歳にならなければ杜氏になれないのか、と思ってしまったりしますが、日本酒の世界に陽が当たらなかった時期が長かったために、良い人材が他に流れ、良い後継者が出てこないために、現場の年齢があがってしまったのです。今は名杜氏になった方も若くして杜氏になった人がたくさんいます。

そして今、自分の感性とそれを形にする技術をみがいて「人を魅了するお酒」を造る、陶芸の世界にも似たこの世界にやりがいを見出して、最近は若い人がポツポツと……という傾向が出はじめていますが、本当に後継者不足なのです。

一部の酒蔵さんでは、人手確保に見切りをつけてコンピューターに置き換えはじめていま
す。大手メーカーさんだけではなく、小さな地方の酒蔵さんも早晩廃業か機械化の選択を迫
られそうな気配です。しかしお酒というものは単に米がアルコールに変われば良いというも
のでもありません。杜氏さんの持つ技術だけを機械に置き換えてもだめなようです。たしか
に下手な大工のカンナより電気カンナのほうが……というのもありますが、微妙な勘どころ
というのがあるようで、杜氏さんの感性によってできるお酒が違ってきます。
淡路島に『都美人』というお酒を造っている酒蔵さんがありますが、蔵内に広い道路があ
って、蔵が左右に並んでいます。あの当時この2つの蔵にそれぞれ杜氏さんがいて、ひとり
は但馬杜氏、もうひとりは丹波杜氏でしたが、水も米も当然気候も同じなのに、違うお酒が
できていました。
俗に〝酒屋百流〟などといいますが、但馬杜氏、南部杜氏、能登杜氏、越後杜氏などなど
の杜氏さんの出身地ごとの酒造りの仕方の違いから〝流儀〟ということで〝酒屋百流〟、た
くさんありますよ、といっています。デパートの酒売場などでも「杜氏の酒」などと銘打っ
て、流儀ごとの個性を売りものにしているものも見受けられます。それくらいに造り方のい

ろいろがあるのですが、実際には百流どころではなく、杜氏さん一人ひとりが流祖みたいなもので、杜氏さんの数だけ流儀があるといっていいでしょう。

「やはり蔵グセというものはでるものですね〜」

「いやいや、それ以上に杜氏グセの方が大きいですよ」

昨年のある蔵での初呑切り行事の時の会話です。この蔵では、数年前に杜氏さんが越後杜氏から南部杜氏に替わっていますが、ずっと昔からの〝蔵グセ〟はそのままです。この酒蔵さんでは、吟醸酒にかぎらずすべてのお酒にとても好ましい蔵グセが出ています。失いたくない蔵グセです。蔵グセが何から出るものだかよく分りませんが、おそらく蔵に住み着いている〝家付き酵母〟といわれるものが、純粋培養された酵母菌と一緒に酒造りをするためだろうと言われています。「杜氏グセが大きい」と言われたのは、県の元試験場長だった先生です。多くの酒蔵さんを指導されてきた長い経験からの言葉です。

――杜氏が替われば酒も変わる――

同じような材料で、ほぼ似た気象条件の中で、前年と同じようなものを造ることを目指して造られるものでありながら、造る人の個性がこれほど作品にあらわれるのも珍しい世界ではないでしょうか。まるで芸術の世界のようです。やはり酒造りのポイントは、杜氏さんの感性にあるようです。

最近は日本酒の世界が見直され、さまざまに取り上げられています。造りの現場が漫画にまでなり、酒造りのロマンと夢が語られています。たしかに漫画に描かれている「魂」とか「心」はありますが、ちょっと違う点は、心意気だけではないということです。造りの現場は、あのように「浪花節的なお涙ちょうだい」の湿ったものではありません。もっと計数的で計算し尽くされた世界です。しわを刻んだ杜氏さんをみているとなかなかそうは思えないのですが、実に数字の世界なのです。

江戸時代や明治の初めの頃はそうではなかったと思いますが、醸造試験所の指導により、明治の後半には数字による酒造りの管理が普及してきました。腐造を防ぐため、優良酵母菌の培養頒布や確実な酛造りの研究から誕生した「山廃酛」や「速醸酛」、そして大正の初めにかけての全国的な腐造というタイミングもあって、科学的な管理が酒蔵さんの中に根づき、杜氏さんの科学者的な部分ができあがりました。浪花節的なものとはまったく違うものです。

それらの技術、理屈の理解のもとに、さらにその上に「感性」の世界があります。

お酒造りの主役は酵母菌、そして麹菌。これらの微生物が活躍しやすく管理するのが、お母さん役の杜氏さん。そしてこの杜氏さんの働きやすい状況を作るのが蔵元さんの仕事です。このすべての条件が整って、はじめて良いお酒が誕生します。なかでも杜氏さんの役割は重要です。単にアルコールの発生だけなら、どんな杜氏さんにもできます。鑑定官の先生は、時期になると各蔵を廻って酒造りの指導をしますが、実際に大吟醸酒が造れる先生はとても数少ないのではないかといわれています。

昔は泊り込みで先生が杜氏さんと一緒に酒造りをしたそうで、蔵の中に先生用の宿泊部屋が残っている酒蔵さんもあります。しかし今では鑑定官の先生は、ちょこっと半日くらい寄られる程度が多く、昔のようなことはないようです。

大学の醸造学の先生も同様です。発酵上の問題点のアドバイスや指導はできても、なかなかお酒（大吟醸酒）は造れないのが実情です。お酒は子供のようなものといいます。杜氏さんはお母さんです。親の心で子供を常に見守ります。あの親にしてこの子あり、ということでしょう。コンピューターまかせのファジー酒造りなどは、まさに親とのスキンシップのない子供といった感じです。

杜氏グセというと言葉がきれいではありませんが、お母さんの個性ということです。感情のないコンピューターで造られたお酒は、やはり醸造というより製造された感じのお酒にしかなりません。このお酒に欠かせない愛情を注ぐお母さん役の杜氏さんの後継者がいなくなっていくということは、日本酒が滅びるということです。酒造りは造ることに喜びを感じられる人にとって、とても素敵な職業だと思います。

甘みのあるお酒を造る～四段掛け

原題：四段掛け
（262号／2010年5月掲載）

醸造用糖類の入ったお酒「糖入り酒」はとかく悪者扱いされています。「糖入り酒」は、太平洋戦争の頃、お酒の原料である米の生産量も十分でなく、足りない酒を増量するために考え出された「三増酒《さんぞうしゅ》」と同じ酒と思われています。しかし現在市場に出ている「糖入り表示のお酒」はかつての「三増酒」そのものではありません。

「三増酒」または「三増」と呼ばれたお酒は、純米酒を3倍に増量したお酒という意味です。水で薄めればアルコール度数も薄まります。そこでアルコールメーカーから購入した原料アルコールを添加、そして足りないコクを水飴やグルタミン酸ソーダなどで補っていました。終戦となっても統制経済の中でコスト節減の「三増酒」は蔵の収益に大きく貢献。その利益は巨大酒造メーカーを誕生させ、地場産業品から誰もがその名を知っているナショナルブランドに育ったものもありました。

敗戦国となった日本は当時、国民みなが親戚の安否を尋ね、食料を求めてさまよった時代です。消毒用のアルコールを飲んで失明したり死んだりする時代でしたから、疲れた身体に甘みも心地よく、甘くて安全な「三増酒」は歓迎されました。「三増酒」はこんな混乱の時代に重要な役目を果たしたお酒と言えます。

しかし世の中が落ち着き、米の統制が解け、自由に購入できる時代が来ると、次第に三増酒の生産は減り、純米酒や本醸造酒が主流となってきました。今「三増酒」を手に入れようとするならば、国内ではほぼ不可能。数年前まではアメリカハワイ州で造られていましたが、日本食ブームが起こったせいか、上級酒の生産となりここでも姿を消したようです。

現在では「吟醸酒」「純米酒」「本醸造酒」などの「特定名称酒」の比率が高くなり、平成

16年には、アルコールや糖類などの添加量がある基準を超えた場合は「清酒」「日本酒」を名乗ることが許されなくなりました。このこともあって「糖入り酒」はさらに姿を消しつつあります。しかし甘みのあるお酒の必要性が消えたわけではありません。レベルの高いお酒を造る銘醸蔵でも地元の酒蔵として地元用に甘みのあるお酒を造る必要があります。林業や漁業など肉体労働に携わる人たちにとっては、晩酌酒にはちょっと甘みのあるお酒が必要となるからです。

これらの酒蔵さんが行っている甘みの添加は、次第に「水飴添加」から「四段掛け」に移っています。通常の酒造は「三段仕込み」で行われますが、仕込みの終盤でもう一段増やし「四段掛け」として「うるち米」や「もち米」を蒸かして、麹または糖化酵素と一緒に添加します。ここで誕生する糖分は、ほぼそのままお酒の中に残ります。もう酒造りの終盤ですから、酵母菌も元気がなく、食べることができなくなっているからです。うるち米の場合は「うるち四段」、さらに糖分がたくさん出るもち米の場合は「もち四段」、などと呼ばれています。本醸造酒もアルコールを添加した分、お酒が辛くなりますので、その分糖分を残したり、必要とあればこの「四段」で調整をしているわけです。

日本酒は、自然の農産物であるぶどうで造るワインとは違って、工夫に工夫を重ねて造るお酒です。確かに昔の「三増酒」のように増量の目的で大量にアルコールや水飴を入れるのは問題ですが、私には水飴添加が悪とは思えません。農産物加工品であるワイン的な発想ですと、混ぜものは感心しないということになりますが、日本酒は造りの現場で糖分とアルコールを発生させるという、複雑で休みのない微調整を行い続ける工程をたどりながら、目的のお酒を造る、まるで料理のようなものです。ワインとはまったく違う造り方なのです。造ろうとするお酒によっては適量のアルコールや糖が必要となることもあります。アルコール添加は純米酒に出がちな酸をほどかせる力がありますし、糖は「甘み」と「コク」をもたらします。

ワインでは不作の年の救済の発想から原料ジュースに糖分を添加することが許されていますが、現実にはボルドーの赤ワインなどでは、アルコール度数を高める目的で添加が行われています。その代わり、でき上がったワインへの糖添加は不可。日本酒ではワインとは逆に原料への糖添加は不可。糖分はすべて酒造の工程で造らなければなりません。その代わり、でき上がったお酒への糖類の添加が許されています。

今期杜氏が交替した「岩の井」さんでも「うるち四段」に転換。この酒蔵から「糖入り表示のお酒」は消えました。しかし、地元サービス用のお酒ということで、価格はそのままです。酒蔵の経営にとって「添加は悪」の風潮は頭の痛い問題です。ワインと日本酒はまったく事情が異なっているんですがね。

（272号／2011年2月掲載）

お酒の添加物

酒蔵から譲り受けた小さなタンクを店内に設置して、「ウチでは防腐剤を入れる前の生酒しか扱っていません」と年間を通して生酒を販売する不勉強な地酒専門店?がテレビで紹介されたりしますから驚きです。これでは一般の人が日本酒に防腐剤が入っていると思っていても不思議ではありません。

怖い添加物が、発ガン物質と言われる「サリチル酸」です。かつてドイツビールで腐敗防止に使われていたものが、明治時代に日本酒に持ち込まれました。しかし現在ではこの酸は水虫薬に使われるだけで、昭和44年以来、ビール、ワイン、日本酒に限らず、あらゆる食品への添加が禁止されています。それ以外の日本酒への防腐剤？　聞いたことがありません。

お酒の原料のぶどうも米も農産物。栽培に「農薬（除草剤）」が使われることが多くあります。この成分、米の場合は精米されて糠として除去されますが、ぶどうの場合は、根から水分と一緒に果実に入ったまんま、これを取り除く精米のような工程はワイン造りにはありません。最近のオーガニックワインの流行は自然の流れです。

「ワインは生の原料、日本酒は乾燥した原料で造ります」

とのたまったワイン講師がいます。「だからどうした」と言いたくなりますが、多分、生がフレッシュで、乾燥は仕方なく水で戻して造っているのだと言いたいのでしょうが、日本酒はそのぶどうの種（生でんぷん）の部分で造っているのです。ワインは一滴の水も加えないと「純粋性」を強調する人もいますが、別にぶどうの樹が水を作っているわけではなく、地面から吸っているだけの話。酵母は水を媒体にして糖分を食べてアルコールを作りますから、日本酒に限らずビールもウイスキーも焼酎も水を原料として使用するのです。

添加物ではありませんが、日本酒には、原料として規定量内の「醸造用アルコール」と

「醸造用糖類」を使用することが法律で許されています。純米酒に出がちな酸を処理する画期的な技術「醸造用アルコール」の添加についてはたびたび文章にしてきましたので、「醸造用糖類」の話をします。

ワインの場合は、本場ヨーロッパでもぶどうのできが良くなかった時には「ぶどう糖」をジュースに添加してから醸造に入ることが許されています。それどころか、フランスのボルドー地方などでは、ぶどうの出来不出来に関係なく、「ぶどう糖」を添加してアルコール度数を高めることが知られています。民族の違いからか、ドイツでは、あからさまに「加糖」とは表示していませんが、自然のままの糖分で造ったか、加糖したジュースで造ったかで、ラベルの表示が「プレディカートヴァイン」と「クヴァリテーツヴァイン」に分かれます。しかしワイン王国フランスでは「ぶどう糖」を添加したとしてもラベルに表示することはありません。日本酒の場合は、糖分を添加した場合は、はっきり分かる文字「醸造用糖類」を表示しなければなりません。ワインと違って日本酒の糖分添加は原料に対してではありません。日本酒は原料に糖分を添加することは一切禁止。糖分はすべて糖化酵素によって製造の工程で作ることになっています。そのかわり、必要のある場合には、出来上がったお酒に糖分を添加することが許されています。

「着色料」もさまざまな食品や飲料に使われています。スコッチウイスキーの着色。リキュールに至っては着色のないのが例外という感じです。オレンジキュラソー、ブルーキュラソー、色を抜いたホワイトキュラソーなどなど。外国のビールには「ミントビアー」というミントの香りと色を付けたものもあります。しかし、日本酒では「色」を付けることも許されません。お祝いの席で甘口のピンクのお酒などあれば楽しいと思いますが、一切認められていません。そのため新潟の「赤い酒」は、色を出すために「紅麹」を使用しています。その結果、色のイメージとは違った酸の多い辛口のお酒になってしまっています。

日本酒は一万年の歴史を持つ世界の三大名酒のひとつ。しかし「国酒」となっていますから、やたらと規制が多いのです。その分、世界で一番安全なお酒と言えます。

美味しい日本酒を造るには

江戸時代の純米酒とメキシコのテキーラ

（122号／1998年9月掲載）

「いやー昔の人は粋だよね、酒なんざ飲むのに肴なんぞはとやかく言わねえ！　塩か味噌なんぞをちょっとつまんでくぃっと飲んじまう」

などと言うセリフが噺家の口からでるのを聞いた方も多いでしょう。粋だと納得している人のたいていは大の呑兵衛、どんなに手のかかった料理も「酒の肴」として受け止めるタイプの人にとってはこんな飲み方がひとつの憧れとなっています。

昔は、塩も味噌も今より美味しくて、つまみにしたという例もなかったとは言い切れませんが、事実は「粋な飲み方」とはちょっと違っていたように思われます。

当然当時のことですから、われわれ庶民が口にするお酒は純米酒仕様です。元禄の少し前に伝わった蒸留酒（焼酎）の清酒への添加は、いくらお酒が美味しくなるからと言っても価格も生産量も庶民とは無縁です。しかも想像するに、お米の精米も足踏みや水車では飯米程度しかできてなかったはずですし、酒造技術も現在に比べれば劣っていたわけですから、当時の純米酒はかなりの酸が出ていて、俗に言う鬼すらひっくり返る「鬼ごろし」という辛いお酒です。今のように白身のお魚のお造りでちょっと一杯というわけにはいきません。

そんな何年も熟成の期間をかけられないということで、「お燗」という画期的な超短期熟成の工夫も生まれたようです。酸をほどかせるお燗か、口をごまかす塩や味噌か、なかなか呑兵衛の知恵も大したもんです。そういえばメキシコの蒸留酒テキーラも近年エイジドテキーラなどと樽で熟成させてまるでウイスキーのようにしたものもありますが、たいていは透明な寝かせてないものです。かなり粗いお酒ですが、現地の人たちはこのお酒の原料である竜舌蘭につく毛虫のおしっこが乾燥して塩となったものを手の甲に乗せ、生のライムをかじって塩をなめテキーラを喉に放り込みます。日本の塩や味噌と同じ工夫ですね。あちらにはお燗で熟成状態を作るというのはないようです。

ワインの世界でも寒い冬や風邪の予防に赤ワインなどを湯煎（お燗）することがあります

が、これは熟成を求めてではなく、単に寒いから温かくしていただくというだけのことです。ワインも清酒同様、生酒の時には柔らかく感じますが、品質安定のために火入れ殺菌しますと、特にタンニンの多い赤ワインなどは酸もタンニンも驚くほどボリュームが増えて、口がひん曲がるほど辛くなります。これがほどけるのに2年、3年、ものによっては10年もの歳月が必要となります。清酒のようにちょっとお燗で超短期熟成というわけにはいかないようです。もっとも清酒のお燗にしても、どうにも飲みにくい「鬼ごろし」をなんとか飲む庶民の工夫ですから、根本的な解決策とはいえません。

清酒造りの技術の歴史は他の国のお酒同様、いかに高いアルコール度数を出せるかの技術の研鑽のあとは、いかに酸を少なく抑え飲みやすくするかの「酸との闘い」といっても過言ではありません。

さらには良酒を造るための研鑽を続ける心あるほんの一握りの酒蔵さんでは、世の中、酒でありさえすれば売れた時代にも、酸を抑えた純米酒造りに気の遠くなるような実験と技術の積み重ねを続け「美味しい純米酒」として発売するに至っています。一朝一夕にできるものではありません。

ところが最近は自然食品的発想からでしょうか、消費者の要望に応えて?どの酒蔵からも純米酒が売り出されています。しかし、ほとんどは「酸」の問題を未解決のままに化学的処理で済ませているものが多く、口できれいに感じても後口に気になる酸を残すものが目立ちます。しかもお燗に向かない吟醸風が多いのが現状です。といって塩や味噌にも戻れない。さてどうしたものでしょう。

（156号／2001年7月掲載）

お酒の酸

酒の味は「甘酸辛苦渋《かんさんしんくじゅう》」で構成されると言われますが、その中でも味の中心となるのは、ワインでも日本酒でも「酸」と「甘み」のバランスです。特に、酸は残糖と呼ばれる液体の中の糖分の量と比べて十分の一ほどで甘みを相殺するほど、少量でも大きな力を発揮します。その酸にも「乳酸」「コハク酸」「リンゴ酸」「クエン酸」などなど、いろいろ種類があり、単にその量を量った総酸の量だけでは味を推測できません。

夏場は、気怠い暑い日が多く、こんな季節には「酸」の効いたお酒の方がすっきりと美味しく飲めます。夏場に多く飲まれるビールは、秋から初夏までが美味しい季節で、暖房の効いた部屋で飲むコクのあるビール（残念ながら最近は少なくなった）はなんともいえません。本来ビールは酸も少ないので、さほどさわやかなものではありません。ホップの苦みがさわやか感を助けているだけなので、一口目はともかく夏は胃の底にたまる感じで、胃壁から吸い込まれる感じはしません。日本酒も酸のきいた「初呑切り原酒」などであればよいのでしょうが、どちらかというと普通の日本酒はこの季節向きではありません。

日本酒も酸の多いお酒ですが、ワインはさらに酸の量が多いお酒です。そのワインを地理的に見てみますと、ドイツのような北国のぶどうは酸の比率が南の国のものよりさらに多く、しかも（日本酒の吟醸酒にも出る）リンゴ酸が多く、赤ワインですらフルーティです。イタリアや南フランスなどの南の国のワインは（日本酒に多く出る）乳酸が多くなり、フルーティさは希薄となります。乳酸はコクを感じさせるものでアルコール度数の高さと共にワインのボディを作ります。リンゴ酸は冷やすとさらにさわやかにフルーティとなり、乳酸は温めるとさらにコクを増す傾向があります。ドイツの白ワインが冷やされ、フランスの白ワインがあまり冷やされないのはこの理由によります。

生ガキとフランスの白ワイン「シャブリ」の組み合わせは有名ですが、味の相性だけでなく、酸には殺菌効果があることも取り合わせの理由となっています。生ガキを食べるとき日本人はレモンを搾ります。サラダにもドレッシングやレモン、焼き魚にまでレモン汁をかけます。こんな取り合わせが大好きです。乳酸の多いフランスの白ワインはサラダとの相性が悪いと言われています。レモンなど柑橘類との相性の問題です。そこでこの場面では、調理場で酢を少なくするなどの工夫をしたり、ワインではなく炭酸ガスを含んだシャンパンを使ったりします。リンゴ酸の多いドイツの白ワインはこの柑橘類や酢との相性は抜群です。それで冷やしたドイツの辛口白ワインは日本の夏の時期の神田和泉屋のおすすめのお酒と言うわけです。

日本酒もリンゴ酸の多い吟醸酒は冷やした方が美味しいのですが、吟醸酒以外のお酒は乳酸をたくさん含み、その量はフランスワインの比ではない量なので、常温かお燗をした方が美味しくなります。待てよ、乳酸が多いと言うことは柑橘類や酢との相性は悪いはず。でも鮎に蓼酢《たです》、鰯の酢の物……いろいろと日本酒と楽しむものがあるぞ！　酢の物と日本酒との関係はどうなんだ！　と言いたい人がいると思いますが、ちゃんと理屈はあっているのです。

日本料理の酢の物は、酢だけでなく他の調味料を合わせ使う、また酢も米から作られるなど、その中にアミノ酸が含まれているのです。お燗をした日本酒はアミノ酸が増えて味が豊かになるなど、乳酸とアミノ酸はごくごく近い親しい関係にあるのです。

この原稿を書いていて思い出しました。20年ほど前、京都三条の「千鳥酢」さんにお取引きをお願いしたくて伺ったときのことです。室町時代からの「千鳥酢」さんは米酢だけを造っていました。お取り引きは断られ、すごすご引き上げる時に「まぁせっかく見えたのですから工場を見ますか」と引き留められて見学、驚いたことに内部は酒蔵そのもので酒を造り、それに酢酸菌を植え付けて酢にしていました。製造工程の知識が幸いして「もう一度座敷へどうぞ」で数分後に取引成立。日本の酢は清酒の仲間なのです。

（157号／2001年8月掲載）

酸との闘い（アル添の効果）

「日本酒は米から造るお酒だから、純米酒だけが本物でしょう?」

「本醸造酒ってアルコールを添加しているのに、なぜ本物の〝本〟の字を使うの?」

とても素朴なごもっともな疑問です。酒造技術の歴史は「酸との闘い」と言えます。ワインの原料のぶどうと違い、日本酒の原料の米には酸が存在しません。それでは日本酒の味を創り出す酸と甘味の〝酸〟は出すのが大変なのか、というとそうではなく、反対に醸造中に出てくる大量の酸（醸造酸）をいかに抑えるかが最大の課題でした。

江戸時代や明治時代には日本酒は「鬼ごろし」とも呼ばれ、鬼がひっくり返るほど辛口であったと言います。これらの醸造酸がとても多かったためです。私たちの先人は信じられないほどさまざまな工夫と技術を開発してきています。「麹の作り」「もろみの温度管理」の技術の向上などの日本人の叡智で、次第に酸の強い辛いお酒はなくなってきました。その叡智の中でもっとも優れた工夫が「アルコール添加」でした。歴史的に見ると、ずいぶんと昔に日本人はそのことに気づいていたと思われます。『童蒙酒造記』に少量の焼酎の添加で酸が少なくなり飲みやすくなるという記述があるそうです。もちろん、当時、焼酎（蒸留酒）は大変に高価なものでしたから、添加した日本酒は一部の人たちのもので、庶民は工業製品のアルコールが大量に誕生するついこの間まで「鬼ごろし」を味噌や塩で口をごまかすとか、お燗をして酸を瞬間的に解《ほど》かせたりする方法で少しでも飲みやすくして飲んでいたのです。

先月の神田和泉屋学園アル中学では、純米酒に焼酎を添加する実験をしましたが、酸を抑える工夫に成功したはずの今日の純米酒でも、添加後はさらにやわらかいお酒に変化して、生徒さん方を驚かせました。少量のアルコールを添加する本醸造酒の〝本〟はこんなところから来ているのかもしれません。

そして現在、お米を半分以下にまで精米する精米機の性能も今は当たり前、酒造りの主役の微生物「酵母菌」も酸をあまり出さないものも多く培養され、麹の改良研究も進み、酸の気にならない美味しい純米酒も誕生していますが、まだまだしっかり純米酒を造る技術力のある酒蔵は数が限られています。ほとんどの純米酒は「ろ過」とか「中和剤」でこれを解決するという、自然な造りとはかけ離れた純米酒造りをしています。「純米酒が本物」という消費者の思いこみに振り回されて、酒蔵さんは「なにがなんでも純米酒を……」と考え、というよりは追い込まれ、純米酒仕様酒を出荷します。発酵途中のお酒はすべて純米仕様で造られますから、純米酒の元はいくらでもあります。あとは化学（科学？）の力を借りて酸を処理すれば一応純米酒が誕生、そして過度のろ過によって痩せた豊かさのない純米酒が町中に出回っています。

さらに最近では「税の公平化」の観点から「醸造酒」と「蒸留酒」、そして「それを混ぜた酒」の税金を分かりやすくしようとする動きがあります。世界的に「蒸留酒」は「醸造酒」よりも高級酒ということで、「本醸造酒」はアルコール（蒸留酒）を混ぜた分「純米酒」よりも酒税が高くなるという流れです。ますます「純米酒が本物の世界」が進みそうです。本当にこれでいいんでしょうか？

お燗と酸（リンゴ酸と乳酸）

（158号／2001年9月掲載）

秋風が感じられる季節となりました。「酒は冷やに限る」の風潮がここ十数年の吟醸ブームのせいで浸透しましたが、これから寒さに向かうと「お燗」が恋しくなります。

ドイツやスイスのあたりでも赤ワインを湯煎して飲むというお燗のような飲み方がありますが、ワインの飲み方としてはお燗は一般的ではありません。それに引き替え「日本酒はお燗」という飲み方はごくごく普通です。これにはちゃんとした理由があります。日本酒はお燗をした方が、味が豊かになって美味しくなるのです。日本酒には「乳酸」という温めると美味しさを増す「温酸」をたくさん含んでいるからです。赤ワインにも「乳酸」は含まれていますが、日本酒に比べたらその量は少ないものです。赤ワインのお燗は美味しくなるからという理由ではなく、寒いから温める、風邪薬を溶かし込むために温める、そんな理由です。

白ワインに多く出る「リンゴ酸」は大吟醸酒などの高度精米低温発酵のお酒にも出ます。「酒は熱燗に限る」という人でも大吟醸酒のお燗はしません。お燗して美味しくならないからです。これは冷やした方が美味しく感じる「冷酸」というグループに分けられる「リンゴ酸」を多く含んでいるせいです。炭酸なども この「冷酸」グループに入ります。炭酸飲料は冷やした方が美味しくなります。「シャンパンに冷やしすぎという言葉はない」とフランスでは言います。生温かいサイダー、コーラは飲めたものではありません。お酒は「リンゴ酸」か「乳酸」、そのどちらの酸を多く含むかによってお燗の向き不向きがきまると言えます。

食べ物との相性もこの「乳酸」の多い少ないで決まるという、ワインの世界で興味深い研究発表がありました。魚や動物も運動量の多いものは赤身の肉となっています。動きの少ないヒラメやカレイなどは身の色が白ですが、高速で泳ぎ回るマグロなどは赤身です。鶏は白身、ダチョウは赤身。マラソンをすると筋肉に「乳酸」がたまり疲れという現象が起こります。赤身には乳酸があるようです。これを基に考えると赤身の肉には乳酸をたくさん含む赤ワイン、白身の肉や魚には「乳酸」をあまり持たない白ワインが合うということも納得できます。うなぎの蒲焼きに赤ワインが合うと発表されています。うなぎは白身の魚ですが、調味料のたれに「乳酸」がたくさん含まれているためです。もちろん赤ワインよりさらに「乳酸」をもつ日本酒の方がぴったりなのは言うまでもありませんが、赤ワインとの相性は意外です。

この「乳酸」も「リンゴ酸」も醸造の過程でできる醸造酸と呼ばれるものですが、出過ぎる酸を処理するために日本酒では精米をよくする、この究極に大吟醸が誕生、赤ワインでは「リンゴ酸」を減酸するためにマロラクティック発酵という後発酵を行います。庫内の温度を上げて再度発酵を促すという方法ですが、乳酸菌による乳酸発酵で「リンゴ酸」が「乳酸」と炭酸ガスに分解され、結果として酸の量が少なくなります。これで赤ワインはぐんと飲みやすくなります。おまけに「乳酸」が増えたことで赤ワインのボディが豊かになり、フランスボルドーワインに代表されるフルボディワインが誕生します。

ぶどうそのものに酸の多い北国ドイツの白ワインは圧倒的に「リンゴ酸」が多く、どこの国のワインよりもフルーティです。この「リンゴ酸」のために柑橘類や酢との相性も良く、レモン汁をかけた牡蛎フライやドレッシングを使ったサラダでも良く合います。「リンゴ酸」の少ないフランスの白ワインでは到底できない世界です。サラダはワインなしで食べるか、あるいは炭酸を含むシャンパンを使うかです。何にでもレモンをかけたがる日本人にはドイツの辛口白ワインが一番です。ついでのことに、イタリアの白ワインは北部産地のもの以外は乳酸系です。常温が美味しいワインです。しかし、レストランではワインクーラー（氷を入れたアイスペール）に入れて出されます。何でも大げさにしないと喜ばれないと思っているのでしょうか？

美味しい純米酒を造るには

（267号／２０１０年10月掲載）
（268号／２０１０年11月掲載）

気づくともう40年も地酒屋をしてきました。お酒を探してうろうろしていた時期もありました。この間に大勢の酒蔵さんとも知り合いになり、おつき合いの今なお続いている方々もたくさんいます。そんな中、美味しい純米酒を造りたいと研鑽を続ける酒蔵さんもおられました。「美味しい純米酒造り」は酒蔵さんの夢です。純米酒はどうしても多くの酸が出ます。これをいかに少なくするかが、酒造りの技術の歴史とも言えます。昔も今も永遠の課題と言っても差し支えないほどの難問です。江戸時代や明治・大正の時代は、半ばあきらめて、お酒のことを「鬼ごろし」などと呼んでいました。鬼がひっくり返るほど辛い、すなわち大量の酸が出ているという意味です。お酒を造る過程で発生する「醸造酸」と呼ばれる酸です。

ワインも日本酒も大量に発生する醸造酸は飲みづらさを感じさせる大問題。ワインでは、特に赤ワインに醸造酸が多く発生。これをある程度解決したのがマロラクティック発酵です。

発酵の終わったワインの中にも乳酸菌がいて、ワインの温度を少し上げると、発酵樽の中で乳酸発酵が始まり、炭酸ガスに変わる分の醸造酸が減ってくれることを利用したワイン三大発明のひとつです。しかしこれだけでは不十分で、熟成のための貯蔵期間を与えてこれを解決しています。

日本酒の場合は、ワインのように長期熟成させると老酒のような「老ね香」が発生してしまうために、造り手ではなく、飲み手が工夫して、塩、味噌で口をごまかす他に、「お燗」をして積算温度を与え、熟成させる方法を考え出しました。

手強いこの酸を始末した純米酒が造れないものかと、挑戦を続けた酒蔵に石川の「菊姫」さん、千葉の「木戸泉」さんなどがあります。

長い間地酒屋をしてきて気づいたことは、美味しい純米酒を造る方法は「2つ」あるということでした。

――美味しい純米酒を造るには……その1――

その1つは「出がち酸」を消すのではなく、積極的に出すという方法です。次の2蔵が選んだ方法は「生酛」「山廃酛」です。酸が多く出ることで知られる昔ながらの酒母の造り方です。

酸の多さの最右翼は「菊姫」さんです。酸を抑えることが至上命令の大吟醸酒の世界で、品質・生産量ともに日本一の吟醸蔵です。この蔵が「美味しい純米酒」を造ろうと、すでにリタイアした灘の昔を知る元杜氏を探し出し、教えを請い、試行錯誤の末、7年の歳月を重ねて「山廃純米」を完成。精米も70％と黒くし、山廃酒母で仕込み、酸を多く出しました。といっても酸は出せば良いのではなく、欲しくない酸を出さぬ工夫、欲しい酸を出す工夫が必要です。日本酒造りは料理作りのようなもの。農産物加工品のワインのように単純ではありません。蒸し米の加減、麹の作り方などのさまざまな工夫。この工夫から生まれた酸を他の成分で包み込み、「完成した料理」を造っています。日本の世界で誕生した唯一の「濃醇辛口」です。

一方、「木戸泉」さんは「菊姫」さんとは違った方法で「美味しい純米酒」を造ろうとしました。千葉県外房、雪が降っても積もったことのない気候温暖な土地です。昭和38年頃に防腐剤のサリチル酸の添加が廃止となった時に、「一度腐ったお酒（酸の多い酒）は二度とは腐らない」と考えて多酸酒に挑戦。選んだ酒母は山廃。しかし寒い地方に向いたこの酒母の育て方はこの地では無理。なんと暖かい地方の酒母の育て方「高温糖化」を「山廃」に取り入れ、「高温糖化山廃酒母」という理論的には不可能と思える酒母造りに挑戦。しかしこの酒母の完成には長い年月がかかり、もう資金も底を突き、もはやこれまでという時にやっと完成しました。大吟醸造りを捨てた独自の酒母の育て方です。この蔵で使われる酒米は有機農法よりさらに自然な育て方の自然農法米です。世間では酒造好適米による酒造りが盛んですが、この蔵では、飯米であっても力のあるものであれば採用しています。無農薬ということよりも、米の力を評価してのことです。高温糖化の分、同じ山廃酒母でも菊姫に比べると、ややお酒が華やいだ感じはしますが、強烈な酸を多く出し、これを包み込む他の味も豊かに出ています。文字にしてしまえば、簡単に思えますが、これができる蔵はほとんどありません。

「当蔵では純米酒以外は造っていません」

を売り物にする酒蔵さんもたくさんありますが、酸の問題を解決している蔵はなく、「混ぜものがない＝本物」と盲信する消費者を顧客にして、営業がなりたっているにすぎません。最近の「お燗のできる酒」を造る流れの中で、純米酒がいろいろな蔵で造られ始めていますが、そう一朝一夕に「美味しい純米酒」ができるものではありません。たいていは酸をろ過などで少なくした味わいの薄いお酒となっています。それほど純米酒に出る醸造酸は手強いのです。前述の2蔵は「ほかの成分をたくさん出す」ことでこれを解決しようとしています。

――美味しい純米酒を造るには……その2――

神田和泉屋店主が感じる「美味しい純米酒を造る」もう1つの方法は高度精米です。これはすでに経験的に「精米を良くすると酸が少ない」ということが分かっています。極限の高度精米をする「大吟醸酒」の酸が小さな数字であることから納得できます。

「美味しい純米酒を造りたい」という思いから誕生した、「菊姫山廃純米酒」を口にした栃木県「四季桜」蔵元の、故今井源一郎さんは、「俺もこんな酒を造りたい」と純米酒造りに挑戦。山廃仕込みと純米酒嫌いの彼が誕生させたのが『花宝』と名付けられた純米酒です。造りの期間中にかすかに漏れ聞こえてくる情報に、

「純米酒?」

「いやどうやら吟醸酒を造っているようだ」

と、周囲は気をもみました。

「源一郎さん一体何を造っているの？」

と訊ねても、

「いいじゃあないか、四季桜を造ってるんだよ」

という返事。結果、ちょっと吟醸的な純米酒が誕生。酸を抑えるために、精米を良くし、低温で発酵させたためです。しかし、その酒質は素晴らしいもので、価格は「菊姫」さんのものとは違って高価となりましたが、そのふくらみのある豊かさは今までにないもので、たいへんな評判をとりました。

そしてこれを飲んだ山形県「上喜元」の佐藤杜氏が、「私もこんな酒を造ってみたい」と挑戦してできたお酒が、瓶口に紺色の紙を被せた「青首純米酒」でした。ところが「四季桜」さんの「五百万石」「7号酵母」と違って「山田錦」「9号酵母」の低温仕込みのせいか？飲んでみると純米酒というより吟醸酒の雰囲気。今で言うところの「純米大吟醸酒」です。純米酒はお米の美味しさを持つ豊かなお酒。大吟醸酒は酸の少ない軽やかなお酒。「純米大吟醸酒」は、純米酒でもなく、大吟醸酒でもない矛盾の多いお酒です。それでも、これも神田和泉屋では評判をとりましたが、蔵の方針転換でこの「手のかかる純米酒」は数年で製造が中止となりました。「四季桜」さんのものもその後、「山田錦」「栃木県酵母」となり、当初とは違うやや軽やかなお酒となっています。

「四季桜」さんと「上喜元」さんの挑戦した純米酒造りは、高度精米と速醸酒母の低温発酵で、酸を少なく抑えています。麹の工夫、酒母の育て方、もろみの管理などなど、微生物を相手になだめたりすかしたり、山廃仕込同様に大変な努力の積み重ねと人並み外れた感性が求められます。彼らの造りを見ていると、世の中「純米酒だけが本物」の風潮に乗った酒造りから、本物が誕生するとはとても思えません。

純米酒は売り出そうと思えば、どこの酒蔵でも用意はあります。搾る直前まではすべて「純米仕様」でお酒は造られているからです。再度書きますが、問題は「たくさん出がちな純米の酸」なのです。活性炭素などのろ過剤でこれを弱めたとしても、豊かさのないひ弱なお酒にしかなりません。抜本的な解決を棚上げにして、「当蔵は純米酒だけを造っています」などと言っている酒蔵に「本気」があるのでしょうか?

第三章　評価できる消費者

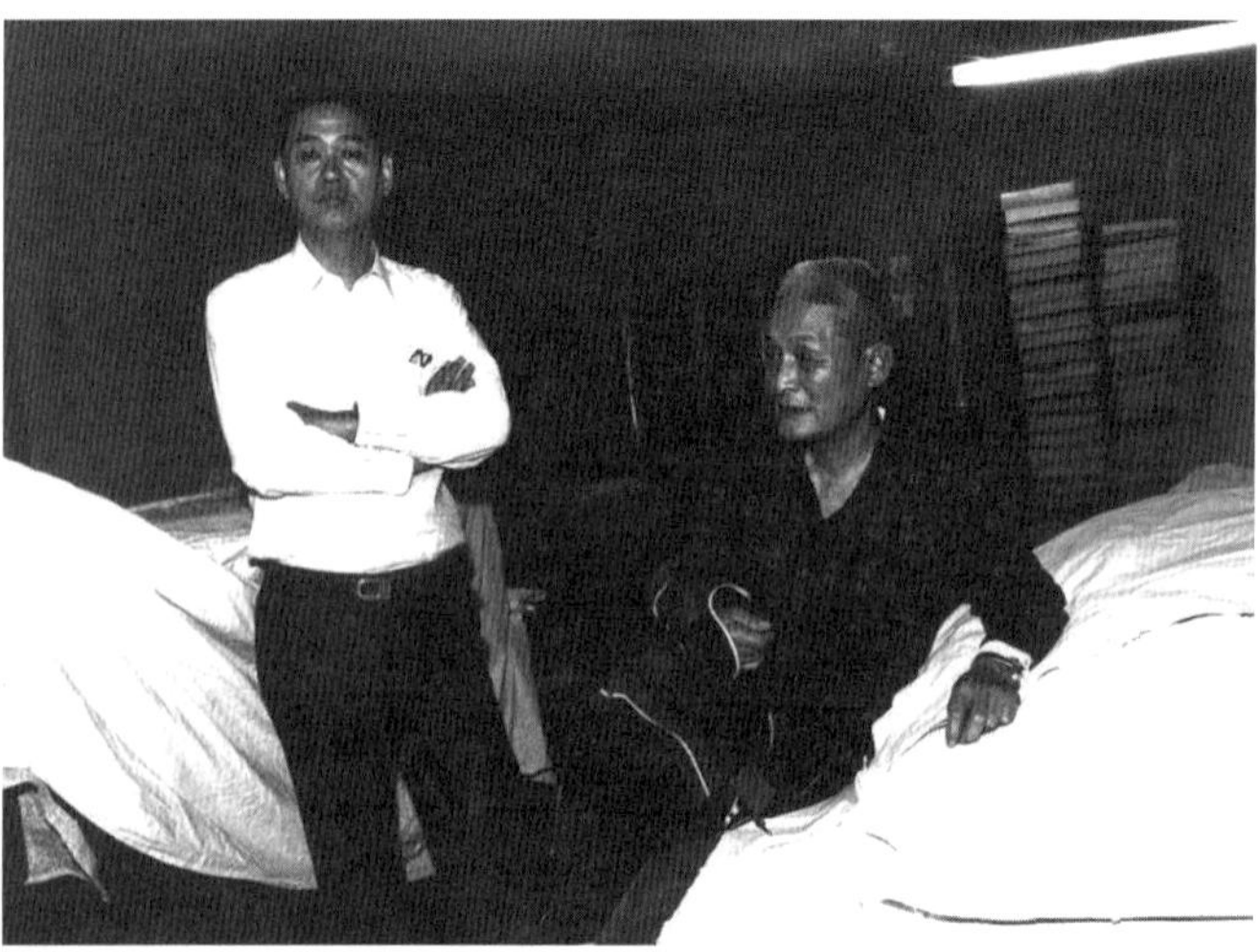

故 末永清太郎杜氏（菊の城）と麹室にて（河野裕昭氏撮影）

1　日本酒を評価する

バイオ酵母の香りは本物？

原題：バイオのお酒
（101号／1996年12月掲載）

最近は純米吟醸酒のブームにのって香りの高い純米酒がたくさん出回っています。今でも、一部の酒蔵では「ヤコマン」と呼ばれる発酵途中に発酵桶から立ち上る香り成分を液化したものを添加する技法がさかんに行われていますが、最新のお酒造りはちょっと違っています。特殊な酵母菌の出現です。といっても天然自然界に突如として香り高いお酒を造る酵母菌が現れたわけではありません。高度に発達したバイオ技術により研究室のシャーレの中で作り出されたものです。酵母菌そのものは天然自然のものですが、その遺伝子を組み替えて性質を変えたものです。

お酒はお米の精白をよくすればよくするほどフルーティーな香りが出る傾向があります。その最たるものが大吟醸酒です。お米の粒を半分以下になるまで精米し、さらに低温で通常のお酒の2倍以上も時間をかけてゆっくりと発酵させます。酵母菌にとっては苛酷な生活です。低温の中でろくな食事もあたえられずに、倍以上も長い期間生活をしなければなりません。その時に苦し紛れに？酵母菌が出す香りが吟醸香と言われています。酵母菌の種類によって香りが違っていますが、少し慣れると9号だ10号だと嗅ぎ分けられます。その香りはとても透明感がありさわやかで豊かなものです。大吟醸酒は香りを出すと味がのってこない、あるいは反対のことが起こり、見事なバランスと豊かさとさわやかさをもった品格ある大吟醸酒を造ることはとても難しいことです。

昔はコンテスト（全国新酒鑑評会）に出すために造られたこのお酒も世に知られるようになり、「大吟醸酒ブーム」と言われるほどもてはやされるようになりました。しかし、残念ながらこのお酒は大量に造ることが難しく、売れるからといって即、応えられるものでもありません。造る高度な技術が随所に要求され高品質のものを造るためにはどうしても、温度管理がしやすい小さな仕込み桶で造らざるを得ず、とても量産などできません。

しかし、香りの高い大吟醸酒は日本酒嫌いの方たちにも注目され要望は高まるばかりです。香りつけの「ヤコマン酒」はウデのない杜氏を救う技法ではありましたが、時代の波に乗って市販大吟醸酒にも盛んに使われるようになり、デパートに並ぶ大吟醸酒の80％以上（?）がこの手のものでした。

「そのお酒の仕込み桶からたち上る香気成分を入れるのであって、他から香料を入れているわけではない、インチキなどではない」

などと言う蔵もありますが、そんなことを言うのもやはり罪悪感が伴っているせいでしょう。でも科学の進歩は恐ろしいもので、なにもそんな装置を購入しなくても、香り高い大吟醸酒が造れるようになりました。「バイオ酵母」の使用です。これならば罪悪感からも逃れられます。

現在、盛んに使われている酵母菌は、ヨーロッパなどと同様に「純枠培養の酵母菌」です。その性質がすぐれているものを公的な機関などで培養して頒布されています。酵母菌の中にもいろいろなものがいて「パンを作るのは得意だが酒はどうも……」とか「純米酒を造るのはともかく吟醸酒は苦手で……」などと人間と同じで得手不得手があるようで、中には何もかもだめにしてしまう奴までいます。こんな悪役の酵母菌は、純粋培養の時代になってからは「野生酵母」だなどと烙印を押され、生産準備の段階で退治（殺菌）されたりしています。しかし、純粋培養の酵母菌だってもとはどこかの蔵の「家付き酵母」だったのです。まぁそれでも生き残った「家付き酵母」も、添加された純粋培養の酵母菌に混じって酒母造りのお手伝いをしています。これもお酒の個性、良くも悪くも「蔵グセ」を作る働きをしています。

現在、吟醸酒造りに一番人気の「熊本9号酵母」は熊本県の「香露」の蔵で採取されたものですが、好ましい酸と、特に際立った上品で豊かな香りを出すことで「優秀な吟醸酵母」と評価され、全国の酒蔵さんで使われてきました。純粋培養の酵母菌を使うのが主流ですね。

バイオ酵母はそんな中で誕生しました。新しい酵母菌を受け入れるのになんの抵抗もない、むしろ優秀な酵母菌は常に新しいものが捜されているわけですから、飛びつくように使われはじめました。自分が作ったアルコールに反応して吟醸酒の香りの中心的な成分「カプロン酸エチルエステル」とかいうものを作り出します。しかし「種なしぶとう」みたいなものでまともな子供ができません。毎年、作らなければならないので、うまくできなかった時はなしです。全国新酒鑑評会で軒並み金賞受賞の好成績をあげた県も、翌年はみるも無残な結果などということもありました。「飲む」のではなく「唎《き》く」鑑評会ではこの香り部分が受賞の大きな要因となっていますから、今年の全国新酒鑑評会などでは、これを使わなかった「腕に覚えのある酒蔵」は、受賞蔵リストから姿を消すなどという異常な事態もおこりました。

これは、コンテストで受賞を狙うためだけではなく、市販されるお酒の世界も、その香りゆえに日本酒嫌いの方々を日本酒の世界にいざなう、要は「売れる日本酒」作りに貢献していると考えることもできるかもしれません。

その香りはもちろん大吟醸酒に必要不可欠なものですが、それだけでお酒の香りといえるでしょうか、それ以外の「裏打ち」の部分、これが大切だと思います。いろいろな成分がまとまって一つのもの、雰囲気とでも言いましょうか、全体の姿を作り上げているのではないかと思われます。普通のお酒にある乳酸から来ると思われる「お酒の香り」、ヨーグルトを思わせるあの香りが大吟醸酒にもあるのです。ただ人間は犬ほど嗅覚が優秀ではないために、その華やかな香気成分の裏にあるものを嗅ぎ分けられないだけなのです。「悪貨は良貨を駆逐する？」ではありませんが、バイオ酔母が幅をきかせた分、私たちはなにか「本物」を失って行くような気がしてなりません。

純米吟醸酒とは？

原題：純米吟醸酒
（271号／2011年2月掲載）

最近よく目にするのが「純米吟醸」です。これはどんなお酒なのでしょう？ラベルに大きく「純米吟醸」と書いてあったり、控えめに小さなラベルで瓶裏や首のあたりに「吟醸」と貼ってあったりといろいろです。

良心的な酒蔵さんの純米酒は、米の精米を良くして酸を抑えるようにして造っていますから、精米60％もざらです。吟醸酒の精米歩合の条件も60％以下ですから、精米歩合上は吟醸を名乗っても良いということになります。問題は「吟醸」を名乗るためには、いわゆる「吟醸造り」をしなければならないことです。ひと言で言えば「低温発酵」です。最近の高度精米の純米酒は、昔に比べるとかなり低温で仕込まれています。「吟醸」を名乗るにはどの温度以下という基準はありませんから、「純米吟醸」を表示できないことはありません。

最近、居酒屋さんなどで見かけるラベルに大きく「純米吟醸」と書かれたお酒は、どれも香りぷんぷんです。吟醸香は、高度精米で養分が少ない餌（米）と低温という悪環境の中で、酵母が苦し紛れに出す香りと言われています。低温発酵とは言っても吟醸酒造りくらいの環境では、通常はこんなに香りは出ません。いずれも異常に香りを出すバイオ酵母を使用した結果です。吟醸香の中の一部の香りだけが突出して不自然、華やかな香りから期待する味はなく、美味しいと感じず、心が癒されるものではありません。

「吟醸」の2文字があれば高級品とばかりに大書きする純米吟醸酒。しかしこれは「吟醸」ではなく「純米」の一種です。通常の「純米」、さらに精米歩合を進めたり酒造好適米などを使用した「特別純米」があり、さらに精米を良くしたのが、この「純米吟醸」という「純米」と考えるのが妥当でしょう。

（120号／1998年7月掲載）

純米酒が本物？

相も変わらず「純米酒が本物」論争が続いています。パソコン通信の、あるネットの酒フォーラムなどでは、いつ果てるともしれないこの論争を、アクセス料金が稼げるせいか？さかんに盛り上げています。

当然のことながら、純米酒派が優勢です。理屈の上では、米から造る日本酒が米だけで造られるのが当然だからです。無農薬有機農法の食品が美味しくなくても（どういう訳か、たいてい美味しくない＝美味しいものを作ろうという気持ちの欠如か？）、「無農薬有機農法で美味しいものが作れればいいんでしょ」という言い方に似ていますが、理屈はその通りです。理論的に優勢だから「すべてのお酒を純米酒にすべき」というのもおかしな議論で、ちゃんとしたお酒を飲んだことのない人か、味オンチさんのご意見としか思えません。

といいますのは、純米酒派の人たちがすべてとは言いませんが、10年も前でしょうか、ある酒フォーラムの開設祝賀パーティに出たことがありましたが、ネット上で熱論を戦わせている人たちが持ち込んだ吟醸酒が、ほとんど全部と言うほど「インチキ吟醸酒」！　香り付けをして過激なろ過をしたお酒を、自慢げに飲んでいるのに驚かされました。やはり、実際に一緒に同じお酒を飲みながらでなければ、議論は空論と実感、「アル中学」の必要性を痛感しました。あの頃の人たちが今までネットで現役かどうかはわかりませんが、想像するに、まぁ似たようなもんでしょう。きっとバイオ酵母で香りプンプンの純米吟醸酒などを飲みながら……、魔女狩りでもしている気分でアルコール添加派を探してキーボードをたたいていることでしょう。

「本物の日本酒の世界」を滅ぼす動き（おろかさ）は純米酒論争だけではありませんが、大きな問題と思うのは、このことだけは製造者側のことでなく、飲み手の時点での論争だからです。長い歴史の中で培われ積み重ねられてきた製造技術が、理想はきっとこうに違いないから、というだけの根拠で、崩されそうになっています。誰が得をするわけでもなく、悪意があるわけでもない、ただ単に知らない、そんな状況での議論です。そして今は消費者の声を無視してメーカーが生きられる時代ではありません、一部の確たる信念を持つ蔵元さんは別として、ほとんどの蔵元さんは「純米酒こそ本物」の声に流されて、造りたくもない今はやりの「純米吟醸酒」を造っています。また同時に、蔵元の世代交代で造り手の方も変わりつつあります。

日本酒造りでは、すべての発酵桶が搾りの直前まで純米仕様です。アルコールの添加は、搾りの数時間前、時には30分前などということもあります。どうしても純米酒でというなら添加をしないで搾ればよいのです。どの蔵でも商品として発売はしていなくても純米酒はあるのです。なのに、どうしてほとんどの酒蔵さんは、アルコール添加をして出荷するのでしょう？　それには理由があるのです。

――日本酒を美味しくするための酸との闘い――

原料のぶどうジュースの中に糖分や酸を最初から持っているワインとは違い、日本酒の原料のお米の中にはそのどちらもありません。糖分は麹の糖化酵素で生まれるとしても、酸の生成は不思議です。

それでは酸を作り出すのが大変なのかといいますと、その逆で、日本酒造りでは出過ぎる酸は宿命的で、少なくする工夫が日本酒の歴史でした。まさに酸との戦いです。

精米をうんと進めて吟醸風に造るとか、さまざまな酸を抑える工夫がなされましたが、一番効果的であったのが純米酒への「蒸留酒の添加」でした。このことは元禄時代の少し前に、焼酎が造られるようになって、少量の焼酎を入れるとこの問題が解決されることが分かっていたようですが、この当時は焼酎はとても高価で庶民には無縁、そこで庶民はチョンマゲの時代から、お燗をして人工的に熟成の時間を与えて酸をほどいたり、味の強い食品で口をごまかしたりして飲んでいたようです。

「昔の人は粋だよね、お刺身なんて言わないで、塩や味噌で酒をクイッと」

これには、酸の強いお酒を飲む庶民の工夫だったのです。

やがて蒸留酒が容易に入手できる時代になると、酸を抑える方法としてアルコールの添加が盛んに行われるようになりました。添加すると、酸がほどけ香りもさわやかに立ってきます。この添加技術は「大吟醸酒」造りで完成されたといいます。日本酒を農産物と見たがる人たちには理解しにくいことかもしれませんが、日本酒は工業製品なのです。

蒸留酒添加のお酒としては、外国にもスペインのシェリー、ポルトガルのポートワインなどがあります。使う目的はまったく違いますが、添加することによって独特の飲み物となり、それぞれの国の人たちの自慢のお酒となっています。

――アルコール添加は増量剤？――

「純米酒こそ本物派」の人たちは、「アルコール添加はコストダウンのための増量剤」と口をそろえて言います。たしかに歴史的にはそれもありました。また今も一部にコストダウンのための添加もあります。しかし良心的な酒蔵さんのアルコール添加はコストダウンのためでなく、お酒を美味しくするための伝統的な酒造りの技法として行われています。

太平洋戦争の直前、必要に迫られて、大量にアルコール添加し、水飴などを添加した「三倍増醸酒」と呼ばれるお酒が造られました。そして戦後は敗戦による農業の荒廃、米不足、甘いものへの渇望から大いに喜ばれました。やがて次第に経済も復興し、米の仕入れが自由になると、良心的な蔵元さんたちはアルコールの添加量を減らし、今の「本醸造」と言われる添加量へと移っていきました。この商品として一時代を担った「三倍増醸酒」には、当然のことながら醸造アルコールが大量に添加されていました。できたお酒（原酒）を三倍に水で増量、足りないアルコール度数をアルコール添加で、足りないコクを水飴やグルタミン酸ソーダの添加で補ったものです。「今考えると、ありゃひどい酒だったな〜」という反省から（?）アルコール添加酒は悪い酒！　となった感じです。

「三倍増醸酒」をやり玉に挙げて「純米酒」こそ本物！　わかりやすくて説得力がありま す。この「正義の味方?」に反論することは難しく、いつの間にやら評論家や酒に一家言ある通《つう》を自称する人たちみんなが「純米酒」大合唱。賛同しない者には「おまえ、インチキ酒に荷担するのかぁ〜」といった雰囲気です。

では、彼らが本当に美味しい純米酒を飲んだことがあるかというと、ほとんどの方がその経験がない感じです。もっとも美味しい純米酒が少なく、周りに転がっていないのですから仕方ありません。美酒といえる純米酒はそう簡単には生まれません。米が自由でなかった頃からコツコツとその酸を出さない工夫を重ねたり、逆に出る酸を積極的に生かして、良質な酸をバランスよく他の成分でくるみ、ボリュームの大きなお酒にするために、麹や酒母の育て方やタイプを研究したりと、長い年月をかけて試行錯誤、先の見えない苦労の多い酒造りをしてきた蔵元だけに造ることのできるもので、「美味しい純米酒」は一朝一夕にできあがるものではありません。

――純米酒ならなんでも良い？――

しかしどの蔵元さんも純米酒の出荷を要求されています。純米で仕込んだ桶の酒をアルコール添加しないで搾ったものをそのまま出荷したのでは、酸が出過ぎて飲めたものではありません。さて現代、科学の進歩は日本酒の分野でも異常なほどに進み、どのようにでも加工はできます。どうしても純米酒でとなれば、アルコール添加が許されない純米酒では、炭素ろ過や中和剤で酸を消すなどいじくりまわして出荷している蔵がほとんどです。加工技術はあっても純米酒醸造の技術がないのだからしかたありません。そのベースとなる酒も「融米造り」、香りを出す「バイオ酵母」、原価を抑えた「黒い米（精米歩合が低い）」から誕生する「ソロバン酒」、どれもこれもしっかりと炭素ろ過……。とても飲む人の心に響くお酒というわけにはいきません。まぁ、世の中ライトライトの時代ですから、ギンギンに冷やして飲まされたりして「あら、美味しいわ」なんて、美酒として認められたりしています。

将来的には純米酒技術も確立されるかもしれませんが、今の時点で「純米酒以外はすべてにせもの」としていいのでしょうか？

味は甘みと酸とのバランスで決まる

原題：日本酒度

（160号／2001年11月掲載）

日本酒度は、お酒の甘辛を表示する数字です。プラス3とかマイナス1の日本酒度などと、ちょっと熱心な小売店などでは図にして掲示したり、お酒のプライスカードに記入したりしています。清酒の味を「濃醇甘口」「濃醇辛口」「淡麗甘口」「淡麗辛口」と分類し、お酒の中の酸度と糖分の量で味の濃さと甘酸の尺度を決めたものです。もっとも濃醇辛口はほとんど不可能なお酒となっています。なぜならば濃さは「糖分の量の多さ」から生まれますから、糖分があって辛口というのはありえない数字の世界となります。

ワインも日本酒も、お酒はこの糖分と酸の量のバランスの上に成り立っています。辛口はその糖分を酵母菌が食べきったもので、食べ残せば甘口になっていきます。甘味をうち消す相殺効果をもつ酸の量を量るには色の付いた中和剤を使用し、混ぜながら中和した（色がなくなった）瞬間にどれだけ中和剤を使用したかで量り、糖分は酵母菌が食べ残した残糖を日本酒度計という温度計のような器具（浮標）で調べます。お酒の中にこれを入れると、この浮標が比重に従って浮き沈みして、甘味が多いと目盛りはマイナス、少ないとプラスの数値を示します。この数値の組み合わせで前述の4つのタイプに分けるわけです。

しかし、これはあくまでも1つの方法であって完璧なものではありません。お米の種類や水の違い、造ろうとするお酒の種類、杜氏さんの酒造り方法の違い、その土地の気候や風土などなど、また酸度を量ってもこれは総酸ですから、乳酸、リンゴ酸、コハク酸などの割合の違いで味は大きく変わります。さまざまな要素がからみますから、一軒の酒蔵さんのお酒を比較するのならともかく、違う蔵、それも遠く離れた蔵のお酒を比べるのには役に立ちません。

また、お酒の味は機械が飲むのではなく、人間が口にして甘辛などを判断するものですから、なかなか数値通りの味にはなりません。たとえば理論的には不可能といわれる「濃醇辛口」は、石川県の「菊姫」さんが『山廃仕込み純米酒』で実現しています。甘味と酸のバランスをどこでとるかで誕生するお酒です。

漁師料理と板前料理

（254号／2009年9月掲載）


数日前、テレビで「ビフォーアフター」を紹介する番組を放映していました。外房安房小湊の旅館の改築です。個人の自宅の改築番組とは違って、建物のデザイン変更改築だけでなく、サービスや料理にまでアドバイスをする専門家が主役です。

指導の最終の課題となった料理へのアドバイスは、海の幸に恵まれ、鮮度が売りであった「漁師料理」から「板前料理」へのステップアップでした。以前から切っただけの魚を「料理」と言っていることに抵抗のあった私にとっては、この部分が「吾が意を得たり」の感じ。魚に限らず山の幸も鮮度だけを売りにする宿屋や飲食店が多い昨今、「家庭の惣菜」「漁師料理」「板前料理」の違いについて改めて考える機会になりました。お刺身ひとつをとっても、家庭で作るものと腕の良い板前が造るものとでは、大きな違いがあります。先日、大塚の「なべ家」で鮎料理の会が開かれましたが、真ごちの刺身にも「包丁の冴え」。焼いただけと言えばそれまでの鮎も、「焼き方の妙」と称したくなる見事な加減。腕の良い職人による「板前料理」です。しかし料理屋でもいつも希望通りの最高の食材が手に入るとは限りません。板前は入手できた材料で様々な工夫をして、目指す板前料理に作り上げます。また良い食材がそろえば誰でも素晴らしい料理ができるということでもありません。技とセンスが決め手、食材がすべてではない、ということです。

毎年春になるとおつき合いのあるドイツのワイン蔵から「昨年のぶどうはかなり良かったのできっと良いワインになるでしょう」という手紙をもらいます。ワインは農産物であるぶどう果実の加工品です。天候とたゆまぬ畑管理への努力によって得られるぶどうの品質が、ワインの決定的な要素となります。

「良いワインになるでしょう」と、

「こんなお酒を造ろう」

は違います。

日本酒は先ず「こんなお酒を造ろう」という設計をして酒造りが行われます。「米が良かったから良いお酒ができるはず」、などという言い方も考え方もここにはありません。もちろん日本酒だって手に入る材料が素晴らしいに越したことはありませんが、米のできの良くなかった年も、思い描くお酒に向かって創意工夫、ちゃんと例年通りの設計通りのお酒を造り上げます。

黒ぶどうが赤ワインに、青や黄色のぶどうが白ワインになるのは自然のことですが、日本酒造りでは、同じ白米から赤ワインも白ワインも造ると言ったらちょっと乱暴でしょうか？たとえば「菊姫」さんでは、赤ワインのようなイメージの味の濃い山廃純米酒や、極上の白ワインのような大吟醸酒などが、まったく同じお米から造られます。

「料理」ひとつをとっても、刺身の包丁の冴え、湯通しや昆布〆など。焼き物だって腹から焼くのか背からなのか、塩をどう振るのか、天ぷらであれば、下ごしらえの差、とき粉に焼酎を加える工夫などなど、煮魚では、醤油や砂糖……、余熱の利用など現場で積み重ねた技や感性が駆使されます。

やはり日本酒造りと料理は似ています。それぞれのお酒には役目があります。どんな人に飲んでもらうかによって、その目的にあったお酒が造られるのです。造りの現場での技や感性が人をうならせるお酒を造り上げます。アルコールの添加も糖の添加も、誕生のいきさつはともかく、考え出された工夫なのです。

一万年前、地球上に同時に発生した世界の三大銘酒、ワイン、ビール、日本酒。環境や民族、文化の違いによって、味も香りも雰囲気も、そして造り方まで違うのです。ワインはぶどうのでき、ビールは麦や水の優秀性など「原料」が売りですが、日本酒は造りが複雑な分、屋根の下での「人間」の関わり方でさまざまなお酒が誕生。「瓶の向こうに造る人の存在が感じられるお酒」が、飲む人の心を癒します。「板前料理」と同様に日本酒につぎ込まれるものは、造り手の創意工夫の魂なのだと感じさせます。

原料だけを重視した「純米酒だけが本物」の風潮が広まっています。工夫の民族日本人は、今はその魂を失い「漁師料理」で満足？　と一人無駄な心配。

「全国新酒鑑評会」離れを考える

原題：全国新酒鑑評会
（181号／2003年8月掲載）

今年の全国新酒鑑評会はあまり話題にもならなかったようです。バイオ酵母が主流の、この全国新酒鑑評会に愛想をつかした銘醸蔵の出品とりやめ、大吟醸酒造りに縁のなかった酒蔵の受賞が相次ぐなど、「金賞受賞」はまるで「インチキ酒の証明?」という雰囲気。このかつてのお酒に関する国の最高研究機関「国税庁醸造試験所」も、東京から広島に移転し、「独立行政法人酒類総合研究所」となっていますが、ここわずか数年でえらく評価を落としたものです。と言ってもその前の東京の時代から香りプンプンが主流でしたから、研究所の先生方の責任とばかりも言えませんが……、ここではいまだに日本酒の香水作りに熱中している感があります。

今や業界の関心は各国税局の開催する「局の鑑評会」に向けられています。以前は全国新酒鑑評会の前哨戦というワンランク下の鑑評会という感じでしたが、最近は中央（国税庁醸造試験所）の全国新酒鑑評会を気にすることがなくなったせいでしょうか?各鑑定官室長の判断で独自の鑑評会が開催され始めたようです。「新酒鑑評会」を止めて「秋の鑑評会」に変更したところもありました。飲む時期のお酒で評価しようということです。酒造業界に以前からあった要望が実現され始めました。

広島県、山口県、岡山県、鳥取県、島根県を管轄する「広島国税局」では、昨年は「春」と「秋」に鑑評会を開きましたが、今年は「春」を中止、秋に「吟醸酒部門」と「純米酒部門」とで審査と発表、さらに「純米酒部門」は「冷や」の審査はなしで「熱燗」と「ぬる燗」での出品を求めて、味のあるお燗酒を重要視。「吟醸酒部門」も、今はやりの香りプンプンのカプロン酸吟醸酒ではなく、「まともな吟醸酒」を重視とか。まぁ実際に審査結果を見てみなければなんとも言えませんが、建前とは違ってやはりカプロン酸吟醸酒が多く受賞するなどということがなければ良いのですが…。

宮城県、岩手県、福島県、青森県、秋田県、山形県を管轄する「仙台国税局」も「秋」のみの開催を検討中と聞こえてきています。「まともなお酒の世界」へと向かっている感じがします。

ところでこの春の全国新酒鑑評会で面白いことが起こりました。数年前から少なからず注目を集め始めた酒蔵がここで「金賞」を受賞しました。ビルの中の十坪くらいの広さの工場で造ったお酒です。働いている人も2名。そういえば以前出会った能登の酒蔵さんが、

「酒って何人いれば造れると思います?」

と質問。

「う〜ん」

「実は一人で造れるんですよ」

「今年は一人入ったのでずいぶんと楽でした。やはりものを渡したり受けたりするのは二人の方が楽ですから…」

という会話を思い出しました。

前述の極小規模酒蔵さんも同じような現場なんでしょうが、違いは「金賞受賞」だけではありません。使用した白米はわずか200キログラム。小さなタンク1本だけです。能登の極小規模蔵の造りと比べても十分の一です。どうやら新しい発想の酒蔵の出現です。これだけの生産量では採算がとれません。当然年間を通して製造する「四季醸造」で、いつでも生酒で売るということです。冷房設備が整い、夏でも冬の気候が作れることと、バイオ酵母で香り

プンプンの、若い人に好まれるお酒造りが可能な時代が産んだ酒造りです。

こんな動きが加速すると、近い将来、ビール会社が「麦と米は兄弟です。心を込めて私たちが作りました」なんて言って生産に乗り出すかもしれません。なんてったって、日本国中のコンビニやスーパーに、陳列棚をしっかりもっているのはビール会社だけですから。そんな事態になる前に、「伝統的な日本酒」を残すために、酒蔵、販売店、消費者がひとりでも多く目を覚ますこと、そして「まともな鑑評会」が当たり前になることが必要です。時間はどれだけ残されているのでしょう?

（247号／２００９年2月掲載）

日本酒とヴィンテージ

「ヴィンテージワイン」とは言いますが、日本酒の世界に「ヴィンテージ」はあまりなじまないようです。今回はこれについてお話ししましょう。

ワイン造りは、「良いぶどうが収穫できれば90％終了したも同然」と言われます。ワインは農産物加工品なので、原料となるぶどうの出来不出来、言い換えればその年の天候に決定的な影響を受けます。そのため、ワインのラベルにはぶどう収穫年の表示が求められ、ぶどうの出来が良かった年のワインは高額で取り引きされます。

特にフランスでは、ボルドーやブルゴーニュというくくりで名刺大のヴィンテージチャートを発行して、○×年のボルドーはどうか、ブルゴーニュはどうか、とワイン産地ごとのワインの出来を年代ごとに著しています。しかし、その範囲を例えてみると、関東平野を一都六県にわけたような大雑把なもの。ひとつの県内でも、林がひとつあるだけでも畑への風の当たり方が違いますし、同じ南向きの斜面でも地形の起伏によって太陽の当たり方も違ってきます。目安程度ですが、ヴィンテージチャートの存在が、ワインが〝農産物加工品〟であることを如実に物語っています。

一方、日本酒は、人間の工夫で造るいわば〝手工業品〟です。昔から日本酒の世界には「（米の）不作の年に腐造（失敗造り）なし」という格言があります。天候が悪く原料の米の出来が悪くても、人間の努力で例年並みのお酒を造り上げました。日本酒は新米で仕込むのが当たり前、いつの年の米で造られたかは問題にはなりません。つまり、ヴィンテージ（米収穫年）表記の必要はなかったのです。

また、大吟醸酒などがなかった時代、造られるお酒は純米酒や本醸造酒だけでした。これらのお酒は、価格も味も「いつものお酒」でなければなりません。ぶどうの出来具合で価格も味も変わることが認められるワインとは違うところです。そのために、同じ年に仕込まれた同じ仕様の桶のお酒をブレンドするだけでなく、前年のお酒と今年のお酒を徐々にブレンドして、通年同じ味を保ってきました。収穫年度表示はどだい無理な話です。

日本酒は、「1年以内に消費しなければ駄目になるお酒」と誤解されている方も多いのですが、通常出来の良いお酒、特に酸の多く出がちな純米酒などは1年〜数年の熟成を必要とします。冬季の仕込みに使われた桶は、夏季には熟成のための貯蔵桶として使われます。この桶、初冬には空にしないと仕込み桶として使えないので、貯蔵中のお酒を初秋には売り出したことから、誤解が生じたのかもしれません。最近では小さな酒蔵さんでも大型冷蔵庫を設置し始め、すでに石川の「菊姫」さん、静岡の「開運」さん、栃木の「四季桜」さん、山形の「上喜元」さんなどでは、フォークリフトが出入りできる巨大な低温貯蔵庫を設置、ワインと同様に瓶詰して貯蔵、次の仕込みを心配せずに十分な熟成期間を与えて売り出していきます。この冬に売り出された秋田の「春霞」さんの『大吟醸』などは、平成18年の2月から貯蔵されていたものです。

ところで、日本酒のラベルにも年月の記載が見られます。これは「製造年月」です。平成20年8月などという表示もありますが、8月に酒を造っているわけではありません。日本酒は、もろみが搾られて清酒と酒粕に分けられた時点でアルコール発酵は終了となっても、酒造りが終了したわけではなく、熟成終了までが酒造りなので、「製造年月」は売り出しの年月です。

さて最後になりましたが、日本酒にも、実は、「ヴィンテージ」に相当するものがあります。7月1日から翌年6月30日までを1年とする新米の出荷を起点とした「酒造年度」です。今は平成21年ですが、今冬に誕生したお酒は、すべて平成20酒造年度産となります。

最近では、一部の高級酒が単独タンクのまま売り出されることも多くなりました。お酒の設計が見事に成功した時に、そのお酒は「いつものお酒」とは別に、酒造年度を表記した「ヴィンテージ日本酒」として、「いつもの」ではない出来栄えを評価した価格で売り出される時代が、すぐそこまできているのかもしれません。

真実はどこにあるのか?〜アクバルとビルバル

原題:アクバルとビルバル
(18号／1990年1月掲載)

本をいただきました。『佛跡巡禮《ぶつせきじゅんれい》』という本です。くださったのはアメリカ大使館の二等書記官のホーン氏です。正確にはホーン氏の奥さんですが、1989年の神田明神のお花見で会ったことのある人もいるかも知れません。奥さんの名前はナムヨン。もと韓国国籍の方ですが、山野を駆けめぐるアーチェリーで今のご主人ホーン氏と知りあい、今ではアメリカ国籍となっています。当然ながら英語と韓国語はもちろん、日本語、ビルマ、バングラディシュ、赴任した国の言葉をすべてマスターしてしまう、テニスと絵が得意なスーパー奥さんです。

ご招待いただいたクリスマスの時に、同席した住友商事の方(フィリピン人?)の話では、彼女は「エスパー(霊感を持つ人)」だという話でしたが、本人も以前から、会った瞬間に「つきあって良い人と悪い人」がすぐに分かるといっていました。まわりにも、エスパーらしき人がいたりします。『佛跡巡禮』は、友人のエスパーからのいただきものでした。

この本にこんな話が書かれていました。

ムガル朝第三代皇帝アクバル(一五四二〜一六〇五)は、紀元前三世紀に全インドを統一したマウリヤ朝のアショーカ王につぐ、インド大帝国を築き上げた大王である。そのアクバルは戦場で誕生し、産湯も使えなかったほど、当時のインドは戦国の時代であり、学芸に親しむ環境に恵まれない根っからの武人であった。

彼はそれだけに学芸に関心厚く、学者を尊敬していた。側近にビルバルという面白い学者がいて、その智者ビルバルと大王アクバルとの対話が残っている。

「ウソと真実はどれほど違うか」と、ある時アクバルが質問した。

「9センチの差がございます」と、即座にビルバルは答えた。

その不思議な答えに、王はなぜかと聞き直した。ビルバルは身を乗り出して答える。

「大王様、よく見てお考えください。なぜなら、大王様が直接自分の目で確かめずに、人から聞いて言っておられることには、ウソもありますので真実ではございません。しかし、大王様がご自身の目でしかと確かめて、言っておられることは、すべて真実でございます。されば、目と耳の間隔が丁度9センチなのでそのように申し上げました」

その言葉に感心したアクバルは、大いに反省し、インドがイスラム教の治世下になり300年あまり続いたジズヤ（人頭税）の悪税法をまず改正し、また他の宗教も尊重し善政に努めたので、アショーカ王に劣らぬ大帝国の繁栄を築くことができたと伝えられている。
といったものでした。日本にも「百聞は一見にしかず」という言葉がありますが、これは「お疑いならば一度見てごらんなさい。きっと納得されますよ」といった程度の言葉です。「ウソと真実の違いの話」の9センチの話はもっと強烈な意味合いです。

――食い物にされるロマン――

お酒を題材にした漫画を読んで、日本酒の世界が好きになり、飲まなかった日本酒を飲むようになったという人に何人も会いました。神田和泉屋でお話ししたい「お酒のロマン」でもあります。しかし、実名で出てくるお酒はどうでしょう？　例えば以前とりあげられた幻の米「亀の尾」は、かつて全国で一番作付面積の多かったお米です。当時は普通の米ですべてのお酒を造っていたのですから、大吟醸酒も、この手の米で造られていたわけです。

この米では駄目だとは言えませんが、その後、酒造好適米といわれる酒造り用に適したお米が指定され、また稲も時間の経過と共にその姿を変えてきて、人間が利用するのに都合の良いライフサイクルを終えていくわけです。また、仮にその「かつてのお米」が優れていたとしても、栽培されている田圃《たんぼ》のまわりは、同じお米ではなく、ここは新潟ですから、すべてまわりは〝コシヒカリ〟です。1年目はともかく、2年目はコシヒカリとの合いの子「亀のヒカリ?」になってしまっているでしょう。まあ、このお酒の味が好きだという人もいるでしょうから、これはいいとして……。

――またぞろ?・?・?・――

心配は、最近は日本酒を飲まなかった人を、日本酒の世界にさそった「人気の漫画」に、またぞろどの酒が一番というような「目隠し唎き酒」が登場してきたことです。日本酒の心の世界を紹介するはずの本が、消費者に役立つとは思えない記事で埋められ始めています。誰が悪いのでしょうか? 出版社でしょうか? 影で糸を引く評論家でしょうか? それとも藁《わら》をも掴む気持ちの酒蔵さんでしょうか……?

いや、一番悪いのは消費者です。私たちです。自分で判断する基準を持たないために、権威ある?人のひと言、全国新酒鑑評会での「金賞受賞」などの評価にすがるしかないのです。最近は着るものなどは、個性の時代といわれていますが、大部分の人は、流行というユニフォームを、最新のコスチュームとして身につけています。

外国旅行でもレストランで全員が同じものを食べているのです。ヨーロッパやアメリカでは、異様な感じに受け取られることは間違いないでしょう。「シンジケートの総会？」などという冗談を隣の人と交わしましたが、かえって「お好きなものをどうぞ」などといわれたら、回りを見て「同じ○×を」などということになるのでは？と苦笑い。日本人が本当に自己を持つのは、もっと時間の経過が必要なのでしょうか？

お酒に関しても、まだまだご自分のお酒を持つ人は少ないようです。話題になっているお酒、雑誌に載ったお酒に人が群がります。純米酒が本物のお酒で、本醸造酒はインチキ、糖入酒など論外という自然食品的な発想も、今の時代を受けて、何がなんでも「純米酒」を名乗るインチキもあります。アルコール添加酒にも醸造用糖類の表示のあるお酒にも良いものもあるのです。反対に「何がなんでも本物表示」のウソモノもあるのです。

羅列した事例のように、未確認の鵜のみ記事、政治的な画策、黒い金で書かれる記事、同じ事を言い続けることの出来ない人気を維持するための評論家の新しい発見？などなど、単に同じお酒を飲み同じ尺度でという伝達の難しさだけでないものがあります。

――グラスを両手に!!――

智者ビルバルとアクバルの話を思い出してください。「百聞は一見にしかず」の世界まで止まらず、人の言うことでなく、ご自分の舌で、良いもの悪いものを判断してください。そうでないと、本物の日本酒がなくなってしまう恐れがあるのです。

そうさせないためには、一番肝心なことは〝飲み比べ〟です。両手にグラスを持って比べることです。酒の味など分からんよ、と思っている方でも、そうしてみると、ひとつひとつのお酒の違いが、きっとびっくりされるほど分かることに驚かれるはずです。甘い辛いだけでなく、お酒のもつトーンも、雰囲気も、造る人の心意気までも次第に感じられるようになるはずです。頭でなく、目と舌と心でお酒を味わってみてください。きっと気にいったお酒にめぐり合えるはずです。

そのお酒が、誰が何と言おうと〝あなたにとっての世界一の銘酒〟なのです。お酒の愛好家がそれぞれに「自分のお酒」を持つようになった時、心ある酒蔵さんの「思い入れの注ぎ込まれたお酒」が生き残れ、本物の日本酒が造り続けられるのだと思います。

2　変化する日本酒の世界

酒粕が無い！

（116号／1998年3月掲載）

今年は酒粕が不足気味？です。突然に酒粕の消費量が増えるような日本人の食生活の変化があったわけではありません。大量需要が発生しているのです。誰が大量に購入しているのかと言いますと、なんと同業の酒蔵さんなのです。

最近では灘の大手メーカーだけでなく、ちょっと規模の大きな酒蔵さんですと、価格競争に打ち勝つために、最近はやりの「融米造り」システムを導入する蔵が増えてきています。その理由は、大きなコストダウンができるからです。「融米造り」は別名「液化仕込み」とも呼ばれ、米を溶かして酒造りを行う方法で、その原型は「白糠糖化液装置」かと思われます。

もう10年以上にもなりますが、でんぷんの中に糖化酵素を入れて「糖化液＝甘い液体」に変える装置が開発されました。この頃には全国新酒鑑評会も盛んで、吟醸酒に限らず普通酒（酒蔵さんではレギュラー酒などと呼んでいます）に至るまで米を白くする競争が始まっていて、かなりの酒蔵さんが高度精米を行い、削り取られた「白糠」が大量に出ていました。大吟醸酒ですと50％以下になるまでの精米ですから赤糠、中糠を別にしても糠のうちの50〜80％くらいは白糠となり、吟醸酒60％、純米酒・本醸造酒70％精米、これらを合わせるとかなりの白糠がでます。もったいないじゃないか！　もともとは酒が造れる部分だよね、ということで、薬品メーカーから糖化酵素を購入し、その白糠（でんぷん）を糖化、その糖分を酵母菌に食べさせてお酒（アルコール）を作らせようと考えられたのがこの装置です。価格はその当時で二千万円くらいと聞いた記憶があります。

出てくる糖化液はイオン交換の装置を通って、きれいな水飴となっています。濃度はみりんくらいですが、透明で口に含むと上品な甘みが感じられます。この一部をエアリング装置に入れて、酵母菌を添加、空気をノズルで吹き込んで攪拌します。酵母菌は酸素を与えられると、糖分を食べてアルコールを作るよりも、その糖分をエネルギーとして細胞分裂で仲間を増やすという性質をもっていますから、このカプセル型のステンレス容器の中で大量に酵母菌が増えます。この酵母菌を遠心分離機にかけて取り出し、大量にある糖化液の中に放り込めば、アルコールが誕生します。あとは合成酒や糖入酒で培われた技術で「日本酒の味」を作り上げる、まぁ最先端の酒造りです。

今、灘や地方の大手蔵が競って導入している「融米造り」は、おそらくこれを進化させたものだと思われますが、冒頭に書きましたように、コストダウンにはこれ以上の妙手はないのですが、酒粕になる部分も酒になってしまいますから「酒粕」がほとんど出ません。出ても、どろっとした状態で少量だけ。造りが下手では意味がありませんが、糠と酒粕が出れば出るほど上等な酒質になるといえます。普通の造り方ですと普通酒でも15〜20％くらい、大吟醸酒などですと50〜65％くらいの酒粕が出ます。これを粕歩合などと呼んでいます。この粕歩合が予定よりも高く出てしまうと蔵にとっては不経済なお酒となり、蔵元さんによっては「ウチの杜氏は腕が悪い」などと渋い顔？　をされることもあります。お酒の原価に大きな影響を与えますから、経営者からすると当然と言えば当然のことかもしれません。

――酒粕がないでは済まない――

新酒が搾れた頃には、どこの酒蔵さんも取引先にまず「新粕」を届けて、今年の酒の出来を粕でご案内します。まぁ最近は小売店もそんな意味は忘れてしまって「ただでもらえる売れる季節商品」として受け取っているだけですが、それでも酒蔵さんからすると「酒粕が届けられません」では済みません。しかたなくご同業に酒粕を分けてもらって配るという事態になっています(笑)。もちろん直接ではなく、業者を通しての購入です。

「純米酒」や「本醸造酒」などの特定名称を名乗るためには、すくなくとも70%までの精米をしなければなりませんが、酒粕をどれだけ出さなければならないという決めはありません。法律的にはゼロでもかまわないのです。ちゃんと「純米酒」や「本醸造酒」を名乗れるのです。(これは笑ってはいられない!)

ところでご存知ですか、大豆油の価格の変動が大豆粕と相関していることを。肥料として価値のある大豆粕の市場価格が上がると、油の価格が下がります。もちろんその反対もあるのですが、トータルで価格が決まっています。

これとはちょっと違うのですが、サンマと大根も妙にそんな因縁があります。サンマが大漁の年は、どういうわけか大根が不作で価格が高いのです。その反対もあります。というわけで秋の味覚「新サンマに大根おろし」は毎年同じ金額がかかっています。まぁ脱線はここまでとして、酒粕の価格が上がると、多少でもまともな酒蔵さんが経済的に助かるのは結構なことです。しかし、良心的な酒蔵さんの経営に少なからず悪影響を与えている低価格酒製造メーカーが、酒粕の相場を上げているというのも皮肉な話ですね。

（177号／2003年4月掲載）

清酒の値段

いよいよ9月には酒の販売免許制度が事実上なくなり、誰でもお酒を売ることができるようになります。脱サラや他業種から「本物の酒屋」を目指す意欲のあるひとたちの参入が期待されます。しかしこれはと思う人へも「酒屋へのおさそい」ができない、話を聞いても二の足を踏んでしまう壁があります。利益幅の低さです。

ほんの少し前、昭和の時代にはお酒は、「特級酒」「一級酒」「二級酒」という区分がありました。「大吟醸酒」「純米酒」「本醸造酒」などというお酒の造り方の違いなどは、表示があったとしても消費者もあまり気にしていませんでした。もっとも昭和の初期頃などは、「上等な酒」「松印」「梅印」とか言っていたくらいですから、高い酒、安い酒といった区分です。太平洋戦争後、昭和24年にできたこの「級別」という国が決めた品質の基準が、長いこと品選びの際の唯一の目安でした。お仲人さんのお宅にお年始に伺う際に、「一級酒」2本にするか「特級酒」1本にするか、悩んだ経験をお持ちの方も多いと思います。

進物には失礼?と思われていた「二級酒」は庶民のお酒で税金も低く抑えられていました。もちろん「特級酒」は高い酒税となっていて金額の約半分が税金、一応国民の所得に応じた形の価格となっていました。この価格は「公定価格」と呼ばれるもので、その価格も酒蔵が勝手に決めて良いというものではなく、ビール、ウイスキー、ブランデー、焼酎などのお酒の価格もすべて国が決めていました。必要になったときには酒税だけでなく、通常の生産者値上げも国会の審議事項でした。メーカー値上げと酒税の値上げが同時だと、価格が非常にあがったというイメージを与えるため、交互に一、二年の間をあけて値上げをしたものでした。当時、酒小売店の粗利は約17%。酒以外の商品の通常の粗利の約半分の利益幅でした。

戦前は、問屋や小売店が各酒蔵から、樽に詰めた酒を仕入れて自分でブレンドして売っていましたが、その後、ガラス瓶に詰められて酒蔵から出荷されるのが一般的となり、「どこそこの小売店のお酒が旨い」などということもなくなりました。酒小売店は唎き酒能力を必要としなくなり、良くも悪くも本来の酒小売店の姿ではなく、単なる酒配送人となりました。となると大量に購入してくれる飲み屋さんやキャバレー、バーなどへの売り込みの手段は、値引きと販促協力をメーカーから取り付ける力の差だけです。大量に販売すればメーカーから多少なりともバックリベートが出ることもあって、量を販売する競争が熾烈でした。これは今でも変わりません。しかし大量に仕入れても仕入れ価格はそれほど変わりません。10％くらいを値引いて配達をし、空き瓶を引き取り、請求書を出して集金する、こんなことを免許制度で競争相手が増えないかわりに、この少ない利益の中でこの業界は生きてきたのです。

そして今現在、公定価格は廃止され、級別もなくなり、ずいぶんと変わったように見えますが、価格に関してはいまだに公定価格の利幅を引きずったままだと言えます。この業界の体質とも言えます。「メーカー希望小売価格」というのがあります。電気製品に限らずいろいろな商品に今はこんな価格が表示されています。消費者もこの価格を見て「多分秋葉原での実勢価格はこのくらいだろう」と判断します。

酒の場合、「これは一応の販売小売価格の基準です。昔のように安売りに出荷止めなどということはいたしません。またこの価格よりも高く売っても構いません」という意味のようですが、今はどの酒蔵さんもインターネットのホームページでこの希望小売価格を掲載していて、酒小売店からすると「ご自由な価格設定」などではありません。酒の業界に関しては、ここでの最大の粗利が20％なのです。「公定価格」の亡霊はこの業界にも生きていると言えます。たまに新商品で25％の案内が出ることもありますが、「これで仕入れないはずがない」という雰囲気さえ感じさせます。お酒の値段はあまり上がっていないのに、人件費も食費もガソリン代もずいぶんと上がりました。郵便切手の料金を例に出すまでもなく、昭和30年代の物価や給与水準は今現在には通用しません。最近では規制緩和でコンビニでも酒類を扱うところが増え便利になりました。しかし実際に扱ってみると利益が出ない！　在庫を抱えなければならない！　という現実にぶち当たり「売れるもの」、「売りやすいもの」だけへと棚が縮小されているのが現状です。説明販売をしてまで売る商品ではない、ということです。

このあたりの意識が変わらないもうひとつに「酒蔵の販売価格」があります。なにを基準に価格を決めるのか？　驚いたことに、清酒の世界では製造原価から価格を決めていないふしがあります。もちろん計算はあるのでしょうが、小さな手造り蔵はその土地の大手酒蔵の価格を、その地元大手酒蔵さんは灘の大手さんの価格を参考にします。なんのことはない、手造り蔵の優れたお酒も灘を代表とする大手酒蔵の価格に準じているのです。ここにも「公定価格」の亡霊の影が見えます。

うまくマスコミに載ったお酒が高い価格でも売れる、そんな世の中でよいのでしょうか。良酒にはちゃんとした価格、酔えればよいという悪酒にはそれなりの価格、その判断のできる消費者が増えることを期待します。

昭和24年以前のかつての酒小売店のように、ブレンドが腕の見せ所とはいかないまでも、品選びや貯蔵方法などでそのお酒の一番美味しい状態を提供する、そんな腕を見せる酒小売りのプロであれば、その「仕事」にたいしてお金が支払われて良いと思います。

酒蔵の希望小売価格は過去の亡霊の呪縛から解き放たれ、ちゃんとした価格が設定され、仕事のできない小売店は安く販売、できる小売店はそれなりの価格で販売できるような酒の業界の体質の変化と、判断選択能力のある消費者が増えることが、良酒が販路を失うことなく造り続けられる必須条件のように思われます。

お酒の表示

（186号／2004年1月掲載）

1月1日より特定名称酒の表示が変わりました。一番の変更は「純米酒」を名乗るための精米率の変更です。なんと精米率の数字が消えました。いったい何が起こったのでしょう？？？　特定名称酒に関する法律というのは「消費者が何か良いお酒なのでは、と思ってしまうような表示」をするときは、こういう基準を守りなさいという法律です。驚かれるかもしれませんが、昭和の時代までは、お酒の品質に関する基準は「特級」「一級」「二級」という級別があっただけで、「大吟醸酒」や「純米酒」、「本醸造酒」などの表示は法律では規制されていませんでした。酒蔵さんの組合での申し合わせ事項のようなもので、自分で自分を規制するのですから当然甘いものになるのはしかたのないもので、一部の酒蔵さんではかなりいい加減なものが造られていました。平成になってお酒の級別は廃止され、代わって「特定名称酒に関する法律」が施行されました。

今までと違って、まず米の等級と最低の精米歩合の指定が行われました。米の等級は等内米を使用することとなりました。そして精米歩合は「大吟醸酒」は50％以下、「吟醸酒」は60％以下、「純米酒」や「本醸造酒」は70％以下と定められました。精米の悪いお米で造ったお酒は、高級酒イメージの特定名称を名乗ってはいけませんとなったわけです。しかし試案が発表された時点で、小規模な酒蔵さんだけでなく、大手の酒蔵さんからも異議が出ました。等内米を使わなければ特定名称を名乗れない！　それでは当蔵では「純米酒」も「本醸造酒」も売り出せなくなる！　という悲鳴です。神田和泉屋でおつき合いのある酒蔵さんたちは、ほとんどが一等米か二等米を使用していますので、その悲鳴というか要望には、正直驚きました。かなりの酒蔵は、日本酒を安いお米で造っていたのです。そこで監督官庁の国税庁は酒米の等内米の基準を変更。従来の「一等米」「二等米」「三等米」の等内米、その下に等外米が2ランクありましたが、一番下の等外米を「三等米」、従来の「三等米」が「一等米」、その上に「特等米」「特上米」を設けました。何のことはない、すべて〝等内米〟になってしまいました。

「純米酒や本醸造酒を名乗らせるために米の等級までいじるとは……」

と憤慨した蔵元さんもいましたが、

「まぁまぁ、やはりお役人には利口な人がいるもんだ。とりあえずはこの法律を施行するために業界に譲歩しておいて、やがて数年後に一等米以上の米を使うべしとなるんでしょう」

となだめましたが、それから15年が経過、期待したことは起こらず、それどころか今回の改正では純米酒に関して70％にまで磨きなさいという「精米歩合」の数字が消えました。理由は「醸造技術の進歩でそこまでの精米を必要としなくなった」からだそうです。断じてそんなことはありません。心ある手造り酒蔵が「もう少し、もう少し」と米を60％にまで削っているのは、そこから生まれる品質の差を知っているからに他なりません。高級感のある特定名称酒は、まず第一に良い米と良い精米としたこの法律の精神はどこへ行ってしまったのでしょうか？

純米酒が売れ筋の商品となった現在、どうあっても純米酒、それも安価に造りたい大手メーカー救済のための改悪としか思えません。

生一本と米だけの酒

原題：酒行政の迷走
（188号／２００４年3月掲載）

「生一本」って何？　なま一本ではありません。「きいっぽん」と読みます。最近はさっぱり見なくなりましたが、以前は灘のお酒に「灘の生一本」という表示がよく見受けられました。平成元年に施行された「特定名称酒」に関する法律の規定では、「生一本」は自分の蔵で造った純米酒だけに許される表示となっています。すべてとは言いませんが、ほとんどの灘の大手酒蔵さんは「買い酒」をしていますから「生一本」が名乗れなくなってしまったのです。「灘の生一本」という、江戸時代からの響きの良い呼び名が消えてしまったのはとても残念です。言葉の文化がひとつ消えた感じです。

「買い酒（桶買い）」は決して悪いことではありません。大きな酒蔵さんが、周辺の小さな酒蔵さんの売り切れないお酒を買い取り、販売していたという互助会的な習慣が昔からありました。造りの規模が小さいからと言って杜氏さんが半分でよいとか、設備が半分でよいというわけにはいきません。販売力のない酒蔵さんは、大きな酒蔵さんの力を借りて自身のお酒を造ることができたのです。

前の186号（本書230頁掲載）の「お酒の表示」で純米酒の表示基準の変更を書きました。変更以前は、原材料は米、米麹のみ、「精米歩合は70％以下」が純米酒表示の条件でした。これが変更では「技術の進歩で70％以下の精米が不要になった」となりました。どんな技術であるかは説明なし。調べましたがそんな新技術の開発はありませんでした。と同時に〝米だけの酒〟表示は「純米酒ではありません」と併記すればよろしいとあります。

「純米酒でない〝米だけの酒〟」というのはいったいどんなお酒なんでしょう？　国税庁のホームページにも説明がないのですが、複数の酒蔵さんの話では、日本酒を名乗るためには使用が不可欠な「麹」の使用量が（通常は20〜24％）15％以下のものが〝米だけの酒〟を名乗るようです。足りない分は安くつく薬品メーカーから購入した糖化酵素を入れるという造り方です。まるで〝ビールもどきの発泡酒〟が、麦芽使用量がビールほどでないから酒税が安くなるという話と似ています。さらには麦も麦芽もまったく使わない「豆」から作った〝ビールもどきもどき〟もさらに安い価格で発売となりました。安価に勝るものなし！　でも〝発泡酒〟よりもこちらの方が「新しい発泡性の低アルコール飲料」として理解しやすいかもしれません。

あなたは日本酒の「生一本」が純米酒であることを知っていましたか？

「生一本」は？？？　でも「米だけの酒」を疑いもなく「純米酒」の別称と思うのが、普通の消費者の感覚ではないでしょうか？


（194号／2004年9月掲載）

規制緩和（その1）

新潟に「赤い酒」というお酒があることをご存じですか？　県の試験場が開発した紅麹菌でお酒に赤い色を出したものです。結婚式などお祝いの席にうってつけのお酒です。着色をしていないことを自慢しているお酒ですが、見た目の色とは違って酸が多く出てしまっているために味は辛口、しかも時間が経つと赤色も茶色の方へと褪色してしまいます。

そう言えば思い出したことがあります。25年も昔のことですが、ウイスキーに凝ってスコットランドまで出かけたことがありました。ロンドンのヒースロー空港からエジンバラ空港、そしてタクシーで向かった訪問先は日本でも有名なH社。当時の国際輸出部長のコイルさんのご案内で蔵内を廻りましたが、最後の試飲の段階でグラスをかざして、「当社のウイスキーのこの色、美味しい色を付ける技術は、とても安定していてこれも当社のウイスキーの名声を高めている要因のひとつです」という説明を受けました。リキュールの着色は当然のことですが、ウイスキーの色は樽から出る色だと思っていたのでちょっと驚きでした。それぞれのお酒にはそのお酒にふさわしい色「美味しい色」を作ることもお酒造りの一部ということなのです。

赤い色の付いたお酒が必要ならば、ちょっと甘めのお酒に同じ紅麹菌で作った着色剤赤色○△号を入れれば、いとも簡単に鮮やかな褪色しないきれいで飲みやすい「赤い酒」ができるのですが、認められていません。

なぜ、この日本酒の世界はこんな無意味な規制をするのでしょう？　かつて日本酒はもっとも飲まれるお酒だったので、「腐造」による酒税の減収を防ぐ方法を研究、普及させる目的で明治時代に「醸造試験所」が作られ、酒造りの指導官の鑑定官が、現場での酒造りの指導をしてきました。清酒蔵と鑑定官の関係の緊密さは、今現在、日本酒をはるかに越える消費量をもつビールやウイスキーのメーカーとは比較にならないほど強いのです。現在、日本酒は凋落の一途ですが、かつてよく飲まれた頃にできた規制は今も活きています。「日本酒はかくあるべし」という試験所が築き上げた理想の姿を守る思想があるのかもしれません。その一方で、「純米酒ではありません」と但し書きの付いた〝米だけの酒〟などという理解に苦しむようなお酒を認めたり、せっかく平成元年に純米酒は精米70％以下にする、という表示を平成16年より削除などという規制緩和（？）をしたりしています。これらはコストダウンに血道を上げざるを得なくなっている大手酒造メーカーの救済策以外のなにものでもありません。

しかし、国によるこのような救済が本当に正しいのでしょうか？　それよりも着色料の添加をも認めるなどもっと自由な酒造りをさせた方が良いのではないでしょうか？　国と酒蔵の「子離れ」「親離れ」こそが本当の規制緩和なのではないでしょうか？

余談ですが、〝米だけの酒〟はビールと発泡酒の関係によく似ています。特定名称酒は麹米15％以上の使用が義務づけられていますが、〝米だけの酒〟はコストのかかる麹米率をそれ以下にして、足りない分を市販の糖化酵素剤で補うという造り方です。まともな酒蔵では麹使用量は、ふつう24％ほどです。麹から出る味はお酒の個性を作ります。15％では不十分、その味がでないのです。こんな酒造りが奨励（？）された結果、味のうすい軽いお酒が増えてきています。それに物足りなさを感じた消費者はそういう日本酒よりも、もっと味も独特の香りもある焼酎へと走ってしまったのかもしれません。今現在の焼酎ブームは、存外こんな背景から誕生したのかもしれませんね。この業界の正常な姿はいつになったら出来るのでしょう?

（195号／2004年10月掲載）

規制緩和（その2）

さて、前号の続きです。平成16年1月1日から「特定名称酒に関する法律」の原料に関する部分が変更、純米酒の製造基準から70％以下の精米という条文が削除されました。

最近の「純米酒」偏重の傾向の高まりから、酒蔵は純米酒の生産量を増やす傾向にあります。日本酒は米から造るお酒だから「純米酒だけが本物」という見方は分かりやすいし、「そうではない」という反論はしづらい。「菊姫の技術ならば素晴らしい純米大吟醸ができるだろう」に蔵が「何を馬鹿なことを…」と反論しても、神田和泉屋が「本醸造の技術が酒造りで完成された先人たちの優れた技法」と言っても、なかなか声は届きません。現実に、神田和泉屋が経営する和食の店「神田和泉屋乃坐」でさえ、多くの方が例外なくお酒のリストから「純米酒」を選んでいます。もちろん置いてある純米酒はちゃんとしたものですが、たぶん「ちゃんとしてなくても純米酒」という感じです。大吟醸を搭載している日本航空の担当の方からも機内でも同じことが起きています、と聞きました。良いお酒と売れるお酒は別ということでしょう。

というわけで絶対に必要な品揃えの「純米酒」、灘を含めて大手の酒蔵さんは価格競争の中でコストダウンを計りながら、「純米酒」を発売する必要があります。そこで精米歩合70%の条文削除。それ以前に米の等級指定はすでに「なし」となっています。続いて精米歩合の数字が「技術革新の結果、そこまで精米しなくても純米酒ができる」という理由で消えました。どんな技術が誕生したのでしょう、誰に聞いても分かりません。しかも純米酒だけに精米歩合の数字が消え、本醸造酒には依然として「ある」のは、低価格で売ることの出来る純米酒を造りたい灘などの大手の救済策であることが見え見えです。

先日ビッグサイトで有機農法食品の展示会が開かれましたが、日本酒のブースでは「乗り遅れてはならぬ」と地方の大手、この道しか生き残る道なしの「どう見ても優れた酒造技術を持たない酒蔵」が出店していました。ドイツの有機農法ワインとは違って、すべての製品が有機でなくても、「有機農法業者」が名乗れる日本ならではの光景です。

法律の変更に伴い、千葉県のある酒蔵が有機農法米で精米歩合90%の生酛造りの純米酒を売り出すそうです。生酛であれば精米は「黒い米（精米が悪い米をこう呼びます）」でも造れるとは言いますが、「菊姫」さんの山廃純米酒でも山田錦70%精米です。この千葉のお酒は飯米同様の90%、口にしないで言うのもなんですが、たくさんの酸と頭痛の種をいっぱいもったお酒が誕生するに違いありません。でもきっと話題になってよく売れることになるでしょう。消費者が飛びつきそうな活字が並んでいますから。大手酒造メーカーの救済策を上手に活かす酒蔵も出てきたということですね。

どうやら今年の冬には精米歩合90%の純米酒が、大手だけでなく経済酒を造り続ける酒蔵で大量に造られそうです。精米90%では胚芽を十分に取り去ることもできません。胚芽の近くにはたんぱく質があり、これが酒造の中でフーゼル油などを生成、飲むと頭が痛くなるのが目に見えるようです。せっかく心ある一部の酒蔵が技術を研鑽し、これはと思える純米酒を出し始めたのに、こんな悪酒が出回っては、ますます日本酒の評判は悪くなる？　飲む人の頭が痛くなるだけでなく、酒造業界にとっても頭の痛い問題です。

3　日本酒を守る消費者を目指す

『揖保乃糸』のお詫び広告

（146号／2000年9月掲載）

8月の新聞に素麺『揖保乃糸』の兵庫県手延素麺協同組合の謝罪広告が載りました。カビが生えたことへの謝罪です。組合員から集荷した素麺を組合の倉庫で貯蔵熟成中にその一部にカビが発生、気づかずに出荷したものです。

「平成10年度産の商品にカビが発生した原因は、昨年梅雨時の管理が不十分、昨年秋の高温多雨のせいかと…以後そのようなことの起きないように対処いたし……」

そんな意味の文面でした。いったいどういうことなのでしょう?この手の素麺は3年、4年と熟成して美味しくなるものです。ちょっと前までは年季の入った板前さんは、カビをその目安として美味しい素麺を選っていたものでした。素麺のカビは熱湯に入れるとパッと離れます。そんなことも今は常識ではなく、カビ即変質、腐敗という発想が消費者にあるようです。そのくせ、しっかりとカビが繁殖し、それごと食べる輸入物のブルーチーズなどはありがたがって食べています。西洋崇拝もここまでくると笑い事ではすまされません。カビ文化圏の日本の食文化の危機です。味噌、醤油、酒、すべてカビの利用で作られます。その巧妙なカビの利用で作られる「かつお節」。これもパックに入った「けずり節」はオーケーでも、カビの染みついた「かつお節」はだめと言うことに近々なるのでしょうね。ちょっと変だぞ日本人。

賞味期限の解釈もちょっと変です。初夏の頃に「このみかんの缶詰、もっと新しいのありません?」。みかんは一年中収穫できるわけではありません。魚の缶詰も詰めてから3カ月は経たないと味がしみ込みません。日付が新しければよいと言うものでもありません。

名古屋の八丁味噌の賞味期限がほんの数カ月! これもおかしな話です。作るのに解放桶で2年~3年かかったものが、密閉パックに入ったとたんに短命? 製造者の話では、「そのくらいの期間内には売れ終わっているからそうしています。あまり長い期間を表示すると消費者に嫌われます」とのことです。大量生産の大手メーカーの商品の寿命が、味噌でも醤油でも、酒の世界でも賞味期限の一般的な常識となっています。本当は全然違うのに……。

賞味期限に何かの決まりや基準があるのか、保健所に尋ねたことがあります。答えは、「各食品ごとの基準はなく、製造者の判断で設定し、賞味期限内の変質は製造者の責任、それ以後は販売者の責任」だそうです。

冒頭の『揖保乃糸』の生産者のみなさんは、このあたりを一番よく知っている人たちです。雪印に始まった食品への不信、次々と発覚する異物混入……、今の消費者の反応を知っているがために、言いたいことは山ほどありながら、泣く泣く掲載した謝罪広告なんでしょうね。


（154号／2001年5月掲載）

「造ったお酒」と「できてしまったお酒」

お酒にはこの2つがあるように思えます。「銘醸蔵」「吟醸蔵」と呼ばれるような酒蔵さんには、しっかりとした経営哲学とお酒の設計図があり、その考えや構想に基づいて自分自身をお酒で表現するようなお酒を造ろうとします。もちろん気持ちや魂だけで思うようなお酒ができるわけではなく、それを形にする技術の存在が必要です。その条件の整った蔵では、その年の原料米が少々悪くても「美酒」が誕生します。これが造ろうとして「造ったお酒」です。たまたまその造りの過程で、「造ろうとしたお酒」とちょっと違ったお酒が誕生することもあるかも知れませんが、それもおおむね「造ろうとしたお酒」の枠内に入るものです。

「できてしまったお酒」は、腕のない、経営哲学やお酒の設計がしっかりできていない「酒になりさえすればよい」という造りしかできない蔵で、「たまたまできた良いお酒」のことです。毎年そんなお酒がどこそこでできたという噂をいくつか耳にします。飲んでみると可もなければ不可もないという、造った人のイメージが湧かないそんなお酒です。できたことはたいへん結構なことですが、残念ながら再現性がありません。ほとんど例外なく一喜一憂の一喜だけで終わってしまいます。地道な努力の積み重ね以外に、心に響く「美酒」を造る方法はないようです。これとはまったく違う意味ですが、「作ったお酒」というのもあります。できあがったお酒をいじくりまわして「美酒?」に作り直すというものです。たとえば「香り付けのお酒」もそうですし、過剰な炭素ろ過で粗悪な原料や造りの拙さをカバーし、「淡麗にして水の如し」などとうそぶくお酒もたくさんあります。「作」は作物などのように人間の手をたくさんかけることによってできる良品です。八十八回の手間をかけて「米」になるなど、漢字は本当に意味を持っています。お酒の「つくり」は「造」で「しんにょう」は道を表します。いじくり回してはいけないのです。真っ直ぐに伸びる道のように、真っ直ぐな心で造らなければいけないのです。

お酒の多様化で「にごり酒」も根強い人気を持っています。しかしここにも「作ったお酒」があります。お米がおかゆのように溶けたアルコール分を含んだ「もろみ」を、酒袋という枕カバーのような袋に入れてプレスしてお酒と酒粕に分けますが、最近では効率の良い空気圧を利用した搾り機が普及し、酒粕と清酒に完全に分かれ、酒袋の布目を通って出る細かいオリは存在しないことが多くなっています。でもそんな装置しかない蔵からも「にごり酒」が売り出されています。「にごり酒」で評判をとった多くの蔵も「空気圧連続搾り機」しか持っていないと聞いています。まあ、それでも「もろみ」を酒袋に入れてタンクに吊す「大吟醸の袋取り」式にすればとれないことはありませんが、たいした金額にもならないお酒（にごり酒）の搾りにそんなに手をかけるでしょうか？

それも飲んでみれば答えが出ます。布目を通ったオリだけを詰めたものであれば、普通の清酒と同じように飲めて食事もできます。飲んでお腹がふくれて食事ができないような「にごり酒」だとしたら、それは酒粕をミキサーで細かく砕いて混ぜ込んだ「にごり酒もどき」かも知れません。酒粕を握りこぶしほどもお腹に入れたら、そりゃご飯は食べられません。たいていは「炭酸ガスがまだ残っていますのでお腹がふくれます」などと言いながら販売していることが多い？こんな「作（造ではない）ったお酒」はごめんですね。

（167号／2002年6月掲載）

お酒の表現

〝新緑の丘を渡る〟さわやかな風のようなどというワインの表現の文学的すぎるものも訳が分からず困りものですが、日本酒の表現も私たちの日常生活の言葉とかけ離れた専門用語（業界用語）で、「幅のある」とか「老ね香《ひ》」などなど、これも困りものです。もっとも日本酒では「うまい！」や「上等」などという言葉しか消費者が使わなかった時代が長く、お酒の表現用語は酒蔵さん、杜氏さん、酒造指導官や醸造学の先生の間の符丁のようなものでした。生酒の香りも「麹鼻《こうじばな》」で済んでいたわけですが、最近では消費者がこの世界に参加してきたので、「南国のフルーツのような香り」などというように、言葉で感じを表現する必要が出てきました。

一時代「お酒の評論家」を自称する人たちが地酒を発掘?し、『旨い酒百選』などを出版し、一世を風靡しましたが、この時代もお酒の表現は業界用語、それが「プロの表現」でした。この世界の本当の専門家は国税庁の鑑定官の先生方でしょうが、国家公務員であるために「論文」は書いても「本の出版」というわけにもいきません。また仮に出たとしても業界用語が公用語?ですから、消費者にはわかりにくい言葉となるに違いありません。そして今「ワインのソムリエ」たちがこの役割を担当?しています。

日本の消費者が信頼するのは「有名人のひとこと」です。テレビや雑誌に登場するソムリエは日本では「味の神様」です。日本酒の業界からも「日本酒の復権」のために力添えを依頼され、この世界から「唎き酒師の資格」なるものも登場。「新しいお酒の分類と表現」も発表されました。薫酒、爽酒、醇酒、熟酒などという言葉も誕生。香りの高い低い、味の濃い薄いを縦横軸にした分類です。ワインのように「甘い、辛い」「軽い、重い」という実に今の人たちにもわかりやすい表現です。しかし実際にお酒に、当てはめてみますとなかなかワインのように単純にはいきません。特に伝統的なまともな大吟醸などはどれにも該当せず、

「ワインのような日本酒」は、バイオ酵母を使用した香りだけプンプンの「インチキ大吟醸」にしか適用できないなど、かなり無理があります。この様子だと日本酒の表現の完成まではまだまだ時間がかかりそうです。

第四章　心に響くお酒

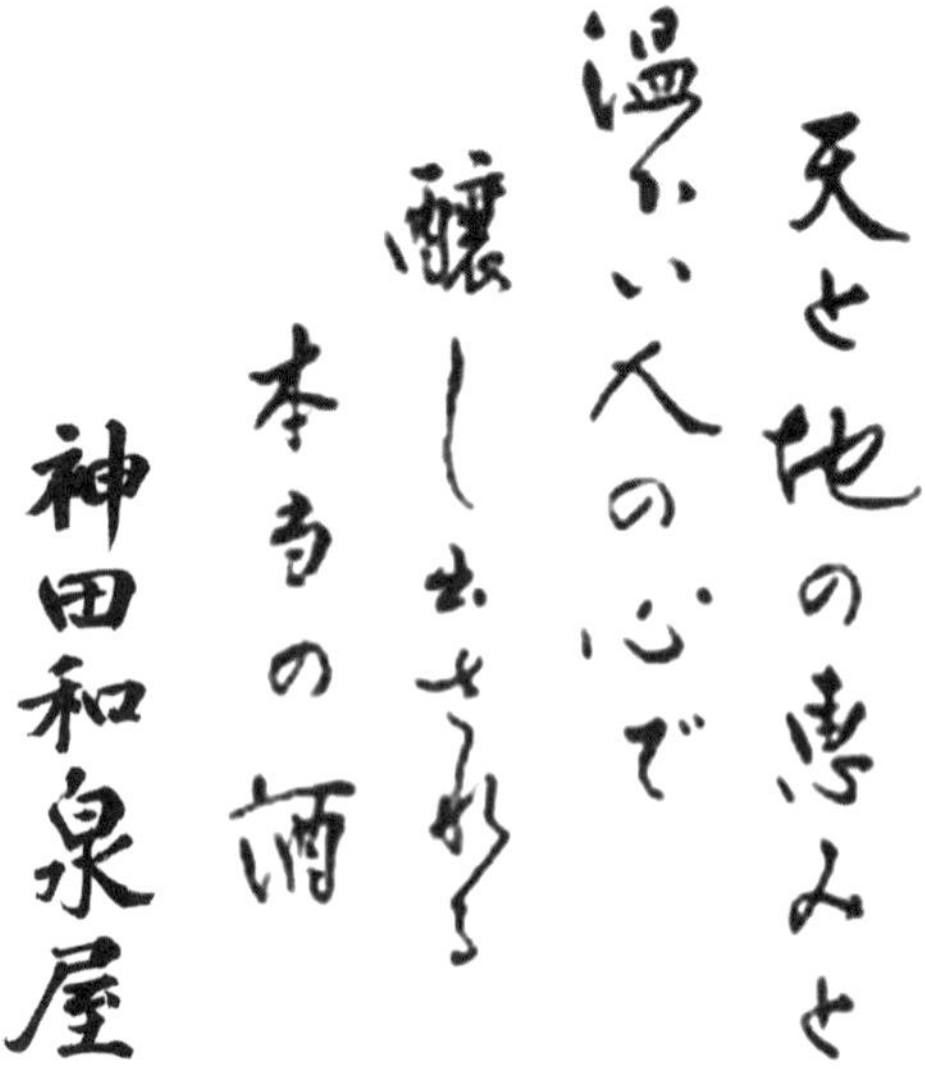
天と地の恵みと
温かい人の心で
醸し出される
本当の酒
神田和泉屋

書家の小林伸葉氏の書

空き瓶を嗅いでみよう

（10号／1989年5月掲載）

飲んだ後、空き瓶は台所の外に出され、翌朝配達にきた酒屋に引き取られていきます。その前に瓶のふたを取って臭いを嗅いでみると、前の晩には美味しいと思って飲んでいたそのお酒が、思いもかけない姿を出していることがあります。原料をけちったか下手くそな造りのお酒は「甘敗臭《かんぱいしゅう》」といわれる下品な甘い臭いを出しています。インチキ手抜きなお酒にいろいろと手を加え一見美酒？に仕立てても、空き瓶になると馬脚を現します。天下の美女も寝姿に……。あなたも油断しているところを覗いてみませんか？　えっ一生騙されていた方がいいですって！　まぁそれもご自由ですが、「美酒らしきもの」の氾濫に「本物」が隠されて泣いているんですよ。

瓶の中は空になる前はお酒で満たされています。空き瓶になると、お酒はなくなったように見えますが、薄い膜のような状態で瓶の内側に残っています。部屋の温度や光線の影響を受けて、このお酒の膜は大きく変化します。それで翌朝には目一杯変化した状態を見せるわけです。精米が良いお酒、丁寧な造りのお酒からはこの「甘敗臭」は出ることはなく、悪いお酒に出ます。面倒かも知れませんが、普段毎日晩酌に飲むお酒です、チェックしておいた方がよいのではないでしょうか。純米酒だから、吟醸酒だからということではありません。お酒の表示や値段とは無関係です。

（179号／2003年6月掲載）

お酒の器

ご存じですか？　秋の「新そば」の他に今の時期に出る「春そば」というのがあります。最近は異常気象のせいでしょうか、乾燥のために軒下にドライフラワーのように逆さに吊した「そば」にカビが生えて商品にならないことが多く、栽培をあきらめる農家さんが増えています。

私も「そば好き」、を自認していますが、次男は私の上をいっています。そば猪口《ちょこ》を手に持たずに、そばをすすります。これがそば好きの正式な作法（？）にかなった食べ方という説もあるやに聞いていますが、私にはこれがどう頑張ってもできない！　するとそばの先っぽが暴れてテーブルの上につゆが飛び散ります。悔しいけれども次男のようにいきません。そば猪口は手に持つとしっくりと収まります。たぶん不作法な（？）食べ方をした江戸時代の職人あたりが「面倒だ！　これでやろう」などとこれに酒を注いで飲んだことから「ぐいのみ」が生まれたんじゃないかと思っています。「飼葉桶《かいばおけ》（＝馬の餌入れ）じゃあるまいし、そんなもんに顔をつっこんで酒が飲めるか！　酒はカワラケで飲むのが本当だ」と今の風潮に怒る人もいますが、これがなかなか具合いが良い。三三九度《さんさんくど》で使うお皿のようなカワラケは、お酒が空気に触れる面が広いので活性炭素で過剰にろ過した無色のお酒でなければ、とても美味しくお酒がふくらみます。しかし、ちょっと一杯と言うときは、ぐいのみの方が気軽です。形も台形の逆さまでグイッと飲むとお酒が舌の真ん中あたりに落ちます。ここは胃が悪くなると白く変色するところで、味に関しては馬鹿なところです。口を塞ぐと一気にお酒が口中に回ります。人間の口の中は、舌の奥の根っこの部分で苦み、ハジで酸味、前の方のハジで塩辛味、舌の先で甘味を感じます。昔のお酒は純米酒、それも精米が悪かったわけですから今以上に純米酒の宿命的な欠点である酸がたくさん出てしまいます。今でも料理屋さんなどで使われている「ちょこ」の形は、その欠点をうまく隠す工夫なのかもしれません。

あれでチビリと飲むと（どうしてもチビリとなってしまう）お酒は下唇の裏側のあたりに落ちます。ここは甘味しか感じませんから、その甘味でそのあとの味の印象を薄める効果があると考えられます。お燗も酸をほどかせ、またうま味成分のアミノ酸を増やしますから「ちょこ」で「お燗酒」は理にかなっています。

「ぐいのみ」の方はと言いますと、塩とか味噌とかで口をごまかして飲むという工夫があったようです。「酒を飲むのに料理はいらねえ！味噌のひとつまみもあれば十分だ！」と言っていた昔の酒飲みを「粋だねー」、と誉めるほどのことではないのです。そうしなければ飲めないほど酸が強く辛かっただけのこと。寝かせていない蒸留酒「テキーラ」も塩やライムのような酸の強いものを口にしてから喉に放り込むと言いますから、同じ理由のようです。

今は、お酒用のお米の精米歩合も昔とは比較にならないほど進み、醸造技術の進歩と共に別名「鬼ごろし」と呼ばれたような日本酒はなくなり、さまざまなタイプのお酒が造られています。これからはそのお酒の欠点を隠す工夫の器ではなく、個性を引き出せるような器の開発が必要となってくるに違いありません。吟醸酒には香りがこもるような形状で唇にひっかかりのないようなもの。といってもワイングラスのように脚を付けて、手の温度が液体に移らないようにするのも考えもの。吟醸酒でも美味しく感じるのは15℃くらいですから……。酸が多く出る山廃酒母のお酒はどうでしょう？　酸をあまり感じさせないようにお酒の落ちる位置を計算した形状か、それとも豊かな酸を強調する形？これからの課題です。

（110号／1997年9月掲載）

お酒の健康状態

扱い方で美味しくも不味くもなるのがお酒ですが、振動や直射日光、高い温度だけでなく、ほかにもお酒の健康状態に影響を与えるものがあるようです。気温や湿度、気圧などもそのひとつです。建築物や絵画と違って、食べたり飲んだりするとなくなってしまうのが食べ物、飲み物です。「こりゃ、芸術品だ～」というお酒も、人の記憶に残るだけ……。だから、美味しいものは一番美味しい状態で口にしたいものです。

――体調の善し悪し――

人間の体調が変わるのか、本当にお酒が変わるのかわかっていませんが、気温が高く湿度が高い時期にはどうもお酒が美味しくありません。梅雨時期から夏の終りまでなどに経験することです。ビールを飲んでも胃の底にたまってしまう感じです。お酒もふくらみが感じられず、口の中を濡らす感じです。不快指数が上がって、お酒を美味しく感じる体調でなくなっているからでしょうか？　でも、日本酒に比べて酸の多いせいでしょうか、ドイツの辛口白ワインなどは美味しく飲めます。

ということは、体調ばかりでもないということでしょうか？　体調も不味く感じさせる大きな要因だと思いますが、お酒のデリケートさとか、不思議な何かがあるような気がしてなりません。

――古酒の不思議――

たとえば、古酒などはあまり季節の影響を受けないようです。「歳を経た古狸」のようなものなのでしょうか、生き物の感じの日本酒は、年月とともに少々のことには動じなくなります。ついこの間の冬に造られたお酒が新酒として梅雨の時期に売り出されたり、前年のお酒とブレンドされて「ブチ」で出てきたりした時には、不安定な状態であることが多く、できの悪い純米酒などはほどけていない酸が苦味をともなって突出し、辛口のワインの酸がさわやかさをもたらすのと同じような効果を期待できるどころか、ベッチョリと口にへばりつきます。このできの悪いのは別にして、ちゃんと造られたお酒（新酒）にその蔵の古酒（5年〜10年）をほんのすこし垂らしてみて、信じられないほど豊かさとふくらみが出てきて驚いたことがありました。しかし少しでも入れすぎると古酒の老酒の香りが気になりますので難しいところです。

梅雨時の大吟醸酒なども3年、5年と寝かせたものはこの時期でも力強く豊かです。

――気圧の影響――

「大風の吹いた翌日はお酒が美味しくない」

「いや、あれはその日の風だ」

などと蔵人さんたちの意見も別れますが、大風も影響を与えているようです。そんな日は気圧が低くなっています。台風の時などもその気圧の低さのせいでしょうか、香り成分のエステルが揮発しやすくなり、吟醸酒にかぎらず精米の良いお酒は香りが立ちすぎ、全体のバランスが崩れたりします。梅雨のシーズンも気圧は不安定ですから、この影響でお酒が美味しくない、バランスが保てないというのかもしれません。

―月齢の影響―

これは人間の体の問題かもしれません。月の満ち欠けがお酒の味に影響を与えているように思えます。月の引力で海の水が1～2メートルも上がったり下がったりするわけですから、体の60％以上が水という人間に月が影響を与えないはずはありません。以前に唎き酒記録をとる時に月齢をチェックした時期がありましたが、残念ながら関係を図にできるような結果を得ることはできませんでした。しかしそれでも月が満ちていく時にはお酒が美味しく感じられる回数が多かったということはありました。

とかなんとか言っている内に9月の声が聞こえました。9月の9日は「菊の節句」です。奇数の重なった月日の内、1月、3月、5月、7月、9月が節句とされています。11月にはありません。この最後の節句、菊の節句を境にどういうわけかお酒が本来の姿を表しはじめます。熟成がある程度できたということでしょうか。お酒の美味しいシーズンの開幕です。

それでも秋の台風が天気図にあらわれたりすると、お酒に影響が出る感じがします。何がどうなっているのかさっぱり分りませんが、お酒は不思議。

（111号／1997年10月掲載）

飲み頃温度

最近は吟醸酒ブームの影響でしょうか、どこの飲み屋さんでも日本酒を冷蔵してサービスしています。たしかに吟醸酒は、常温に放置するとあのデリケートな感じが失われてしまいますから、冷蔵庫に保存する必要があります。冷蔵庫は通常4℃前後に設定されています。これは雑菌が繁殖しにくい温度、そして中に入れられる物体が一番小さい状態でいる温度です。たとえば水はこの温度から上がっても下がっても体積が大きくなります。ですからこの温度にしておけば臭いを出しにくい、臭いを吸いにくいということになります。

まぁ吟醸酒の保存はこの温度でも問題ないのですが、問題は飲む時の温度です。出した吟醸酒の瓶をこまかく砕いた氷を入れた桶に入れたり、さらにグラスも冷凍庫や冷蔵庫に入れて置いたりするのがサービスだと思っている店がたくさんあります。ごまかしのお酒などですと、低温にして飲む人の舌の感覚を麻痺?させて飲ませる必要がありますが、まともな吟醸酒の場合にはこれでは低すぎてお酒の豊かさや本来の美味しさが楽しめません。飲む分だけを少し前に冷蔵庫から出して温度を上げておいたほうが良いでしょう。飲み屋さんなどで不幸にして冷やしすぎで出されてしまった時は、片口を使うとかグラスに注いだまましばらく待つなどして温度を調節しましょう。数分で温度は上がります。残ったお酒は飲み終わった後にまた冷蔵庫に戻せば問題ありません。

最近はさらにエスカレートして、多くの飲み屋さんでその必要のない普通酒とよばれる吟醸酒以外のお酒も冷蔵庫に入れられていることが多く、特に純米酒などはお酒がぺちゃんこに潰れているような感じになってしまっていることがあります。これもグラスの中でしばらく待ってから飲んだほうが良いようです。飲み屋さんの場合は、カウンターなどはガス台の熱の影響があったりしますし、そんな余分なスペースもありませんから、その都度冷蔵庫にお酒をしまうのもやむをえないことかもしれません。

家庭でしたら縁の下のような冷暗所に置くのがベストです。とは言ってもマンションには縁の下はありませんので、たとえば北向きの玄関の下駄箱とか、探せば結構熱に遠く直射日光や振動から離れたところがあるものです。飲み残しのお酒は小さな瓶にでも詰め替えて冷蔵庫へ。

（246号／２００９年1月掲載）

ハネと振動

「そんなことを研究しておる奴は居らん」

と取り合ってもらえませんでした。まだ国税庁醸造試験所が北区滝野川にあった頃、研究室の先生に、

「一升瓶の中で場所によって味が違うのです。どうしてなのでしょう」

とお尋ねした時のことです。しかたなく、おそらくは比重の違いであろうということで、手元にある「日本酒度計」という比重を計る浮標で調べてみましたが、目盛りが粗すぎたためか、差は見られません。しかし飲んでみると明らかに部分によって味が違うのです。一升詰でも四合詰でも一番上の部分一合の半分くらいが味も薄くギスギスしています。真ん中、ラベルの胴貼りあたりがいちばんバランス良く美味しく楽しめます。瓶底はと言いますと、ち

ょっとくどいのです。それぞれその部分を私は「ハネ」「胴貼り」「瓶底」と呼んでいます。それでは瓶を逆さにして混ぜてみたらどうなるか試したところ、なんと全部が「ハネ」と同じになってしまったのです。ということは比重ではないということになります。もしかすると振ったことによる振動の影響かも知れません。

日本では「まぁ口開けですから」と言ってお客様に瓶の一番上の部分を注ぐのがもてなしとなっています。しかし、この部分は一番美味しくないところです。この習慣は即刻止めた方が良いでしょう。ではその「ハネ」は捨てるのはもったいないし、どうしたらよいのでしょう。酒蔵さんでも、タンクの上の部分1センチは「捨て酒」「ハネ酒」と呼んでハネています。酒蔵さんで貯蔵に使われる一般的な2トンタンクの1センチは4〜5升の量です。この部分は下のランクのお酒に混ぜられたりします。家庭では「ハネ酒」は、煮酒に格下げで台所へ、それでも大吟醸酒のハネの部分は、食品を美味しくする力はあまりありませんので、酒蒸しなどに使うと良いでしょう。飲み残したお酒も上部の1〜2センチほどが、毎回「ハネ」となっています。

振ると美味しくなるという説があります。どうやらウイスキーの熟成を進めるために微振動を与えることが有効ということからきているようです。ずいぶんと昔には神田和泉屋でもビールやウイスキーを取り扱っていました。その頃ある大学の理工学部から、毎年新学期に「サントリーレッド」2ダースの注文をもらっていました。不思議に思って、何に使うのかを伺ったところ、振動を与えて熟成を進め「オールド」にする実験に使うということでした。長期の熟成期間を与えたような結果が得られるそうです。

しかし、日本酒の熟成は「古酒」を目指す場合は別として、飲み頃の熟成期間は半年、長くても2~3年程度です。しかもその貯蔵の目的は、ウイスキーと違ってワインと同様に酸のほどけです。時間の経過により、酸がとろみと香りに変わってくれます。特に酸とともにタンニンをたくさん含む赤ワインには、白ワイン以上の熟成期間が必要となります。それでも赤ワインを微振動で熟成させるという話を聞いたことはありません。実験をしてみると、振動は、ビール、ワイン、日本酒などの醸造酒には悪影響しか与えないようです。振って歩いたり、テーブルにトンと置いたり、ビールの王冠を栓抜きで叩いたりすると、気になる苦味が発生します。冷蔵庫のポケット、宅配便の荷台も同じです。これらの振動の影響を消すためには少なくとも3日くらいの安静が必要です。

造り手が見えるお酒

原題：農業？　工業？
（35号／1991年6月掲載）

ドイツのトロイチェが、雑誌『ジャーナル　ワイン　アンド　ゼクト』の表紙に写真とともに大きくとりあげられました。トロッケナー（辛口屋さん）ということで紹介されていましたが、100年間辛口のドイツワインだけを造り続けた信念のワイン蔵です。

昨年の秋に訪問した時、毎回輸送をお願いしているドイツの日本通運といわれる「ヒレブラント社」を訪問し、若社長のクリストファーさんに会った時のことです。

「これからいろいろなワイン蔵を回って発注してくるので、今の時点ではどこそこのワインをピックアップ（集荷）して欲しいと具体的に指示できないのだけれど、どんなところからでもピックアップしてくれるか？」

と言ったところ、

「もちろん大丈夫だ。またトロイチェみたいな蔵？」、「そう、トロイチェのワインは知ってるの？」

「話には聞いているが、手に入らない。レベルは高いが量がないんだろ」

トロイチェのあるロルヒ村から1時間のマインツの町での話です。地元のロルヒでも昔からのお客でも年間5ケース（60本）しか買うことができないと聞いていましたが、ほんとだったんだな～と実感しました。

ワイン蔵を回る時には、テースティングをすることも大事ですが、畑を見れば、ぶどうの木を見れば、その蔵の姿勢はおおよそわかります。ワイン造りは、即ぶどう作りです。ぶどうの樹の剪定はどのくらい枝を残しているのか？　畑の土の状態は……。造り手に会う前にほとんどのことがわかります。ワイン造りはまったく農業です。だからでしょうか？美味しいな～と思えるワインを飲むと、豊かなぶどう畑がイメージされるのは……

日本酒はどうでしょう？　美味しいな～と思えた時に何がイメージされるでしょう？私の場合は、人の顔です。どんな顔の蔵元さん、どんな顔の杜氏さん。なぜでしょう？　私は、造る人の思い入れがどこかで注ぎ込まれるからだろうと思っています。ワインは、ぶどう作りの畑で、作る人の思い入れが注ぎ込まれます。ここでは発酵は神様の仕事。だから「酒になった！　酒になった！」と喜ぶ、農民のお祭り「ワインフェスティバル」があるのだと思います。ぶどうから造られるワインは、単発酵ですから、言ってみれば放っておいてもアルコールは発生（酵母菌という微生物が生活のために糖分を食事として食べ、その結果アルコールと炭酸ガスを出します）します。ですから、いかに糖度が高くて酸とのバランスの良いぶどうを栽培するかにすべてがかかっています（と私は思う）。

それに対して、日本酒造りは、農耕民族である日本人がする仕事なので、いかにも農業という感じがしますが、これは工業です。言い方がお気に召さなければ「手工業」とでも言い直しましょうか。原則的に、お米は自分で作りません。まったく作らないということではありませんが、例えば、宇都宮の「四季桜」さんでは酒造好適米の栽培をしています。手抜きの農業から生まれるお米から良い酒が造れるわけがない！　と先代の社長がはじめた米作りです。しかし全体の量からみたらひと桁、それも小さな数字でしかありません。米は仕入れるものです。日本酒造りで人の思い入れが注ぎ込まれる場面は、酒造りの現場です。アルコール発生のメカニズムもそうなっています。原料が穀類で、ぶどうと異なり原料そのものが糖分を持たないために、並行複発酵という人間が発酵をコントロールするというか、発酵に人が深くかかわります。だから美味しいお酒には、造った人の顔が……。

それにしても、ワインにしろ日本酒にしろ、何のイメージも湧かないお酒の多いこと！　飲む人のストレスを解消するアルコールは、シンナーじゃあない！　血中のアルコール濃度が高まって、感覚が麻痺してというのではなく、何か飲む人をホッとさせる、人の思い入れが注ぎ込まれた、造り手の存在を感じさせるようなお酒こそ、本物のお酒ではないでしょうか？

日本酒の世界でも、「純米酒が本物」だからという論法がまかり通っています。たぶんに日本酒造りを農業的に見た結果でしょう。形だけ「純米酒」でどうなんでしょう？

（138号／2000年1月掲載）

心に響くお酒

ドイツのワイン蔵さん方とのお付き合いが結構長くなりました。こちらから伺ったり、あちらからいらしたりですが、唎き酒の仕方に大きな違いがあり驚きました。唎き酒（テースティング）は色、香り、味で判断しますが、モノトーンの世界の森の民族ドイツ人は、香りを中心にワインを判断する傾向があり、色彩豊かなイタリアなどでは色で判断、そんな感じがします。「神田和泉屋学園」ドイツワイン科講師（1989〜2006年迄担任、以後は校長が担任）の小柳才治先生も、ドイツでそれを感じたと言っておられましたし、数年前イタリアのトスカーナから見えた、元醸造大学教授のパストレーリ先生の日本酒のテースティングもグラスを陽にかざしてのものでした。

それに比べると日本人はどうでしょう？　目をつぶり耳をふさいで神経を集中、心で唎き酒という感じです。理論的（データ的）には完璧なお酒も、良い評価を受けないことが多々あります。ちょっとおチビちゃんでもおデブちゃんでも良い人柄は人を集めます。日本人はどうやらお酒をひとつの人格あるものとして受け止め、造り手の哲学のようなものを口に含んだお酒から感じ取り、甘い辛いだけの基準とは違ったもので判断しているように思われます。しかし、最近では日本人的な日本人が少なくなってきたようで、ワイン風？にしか日本酒を見られない人が増えています。分かりやすい基準、甘い辛い濃い薄い、といった具合の味音痴的？な見方です。それが「純米酒が本物」の主張の裏に見え隠れします。酒は時代と共にあるものですからそれでも良いような気もしますが、この世界がインチキ手抜きの「一見美酒」に席巻されてしまうのは残念です。

先日、埼玉県秩父で「新そばの会」が開かれ、余った時間に近くの小さな地酒蔵を訪問しました。ところが日曜日のために「資料館」と「みやげ品売場」だけが開いているだけで、酒造りは見学できませんでした。しかたなくグルッと周りを巡りましたが完全に休業の様子。やはりコンピューター制御の無人化で休日出勤をなくしている感じです。たしかに若い蔵人の雇用の最大課題は土日の休日をいかに実現するかです。近代化の波は酒造りの世界にも押し寄せていますが、こんな小さな酒蔵でも……と驚かされました。

「畑の最良の肥料は人の足音ですよ」と、家庭菜園を語られた人がおられましたが、酒と人の会話、夜間に見回る杜氏さんがタンクの中のもろみに語りかける、これが良いお酒の必要条件、ということが昔から言われています。苦労しなければ良い酒はできないとは言いません、しなくてよい苦労は不必要、たとえば運ぶとか量るとかは機械で十分というよりこの方が正確です。しかし、心に響くお酒は無人の工場からは誕生しないような気がしてなりません。なぜなら、まだまだ日本人的な日本人が飲む日本酒だからです。データ的に完璧でなくてもいいじゃないですか、ちょっとくらいの失敗があっても、ちょっとくらい去年と違う酒になっても……、そう思いませんか？

良いお酒の選び方

（143号／2000年8月掲載）

「瓶を見て分かりますか？」

「どうやってお酒を選べばよいのですか？」

などとご質問を受けます。日本酒はワインと違って瓶（ラベル）を見て、というのはちょっと無理なようです。そのワインの場合もぶどうの品種や収穫年などワイン法で定められた記載事項でどんなワインか予想はつきますが、やはり飲んでみないことには分かりません。人の噂はあてになりません。ましてやマスコミに載ったから、評論家が褒めたからなど裏の事情があるかもしれないような情報はなんの役にも立ちません。少しくらい時間がかかっても自分のお酒は自分で探すしかありません。見つけるのに最短にして最良の方法は飲み比べです。両手にグラスを持ってどちらが自分にとって美味しいかを比べるのです。誰がなんと言おうと自分にとって美味しいお酒があなたのお酒です。

今飲んでいるお酒の瓶が空になる前に次のお酒を購入し、2つのお酒を比べます（厳密には瓶底のお酒と開けたばかりのお酒を比べるのはちょっと前者に酷なのですが）。マスコミや人の噂で動く前に、いつもの酒屋へ「違うのを持ってきて」と電話をすればよいのです。今はどこの酒屋でもたくさんの日本酒を置いています。それでも見つからなかったら、電話帳で隣の酒屋を探せばよいのです。まぁ投げ釣り方式ですね。家にいながらにしてのお酒探しです。

味の好みは百人百様ですが、騙されないためのポイントがいくつかあります。

- やたらと豪華な瓶や箱に入っている

中身に自信のある酒蔵さんは入れ物にお金をかけません。

- 普通酒（純米酒、本醸造酒）なのに色が全くないとかフルーティな香りが立っている

問題のあるお酒は徹底的な炭素ろ過をして色が抜けていますし、香り付けのあるお酒やバイオ酵母のお酒も色もなく香りがやたらと立ってます。

- 自分の名前（銘柄名）より目立つ奇抜なネーミング

「吟醸」「純米酒」などの表示は別として、米の種類の「山田錦」「雄町」「奇抜な名前」などを大書きしてあるお酒に良酒はまれです。

飲み終わったお酒の空き瓶をチェックするのも良い方法です。瓶の内側にお酒の膜ができ、

ひと晩置いただけで温度と日光で変質しています。栓を開けて臭いを嗅いでみましょう。甘く腐ったような臭い（甘敗臭《かんぱいしゅう》）がしたら問題ありのお酒です。

神田和泉屋学園のおかみさん料理

人気レシピ♪

この章は、「神田和泉屋たより」に掲載した「おかみさんのワンポイントおつまみ」をもとに、数多くある「おかみさんレシピ」のなかから、特に人気の高いものを選んで書き下ろしました。春夏秋冬の季節ごとに、酒肴、野菜料理、肉料理、魚料理、ご飯料理を紹介しています。

春

春は新酒の季節、フレッシュな香りとともに楽しんでください！

春の contents

筍の天ぷら

材　料：筍、若布
調味料：糠、鷹の爪、醤油、みりん、砂糖、サラダ油、小麦粉、卵、塩

筍は鮮度のいいものを求めて速やかに茹でてしまいましょう。
朝掘りの筍が買えればいいのですが…。
鷹の爪は〝小鳥店〟さんでは売っていません、唐辛子のことです。

《作り方》
① 皮付きの筍を用意します。頭の上、３分の１くらいで切り落し、その下の部分は縦に切れ目を入れ、皮を剥きます。鍋に、糠と鷹の爪を入れて筍がかぶるくらいに水を入れて茹でます。竹串がすっと通れば茹であがりです。粗熱が取れれば調理のはじまり。
② 若布を水で戻しておきます。茎をそろえてまな板に置き、茎の部分を切り離して、長いひも状にしておきます。
③ 茹でた筍を縦４センチくらいに切ってから、ひと口大の串切りにします。
④ 筍に味をつけます。醤油、みりん、砂糖で、好みの薄味で煮ます。
⑤ 筍を、②で用意をしておいた若布でぐるぐる巻きにして最後の部分をしっかりと止めます。
⑥ 天ぷらの衣を作ります。小麦粉、卵、塩少々で少し硬めに作ります。
⑦ サラダ油を 180℃位に熱して揚げます。

豚肉のレモン煮

材　料：豚肉

調味料：サラダ油、塩、こしょう、片栗粉、サイダー、レモン

サイダーの炭酸が肉を柔らかくします。
かすかな甘みとレモンの酸味が豚肉に合う美味しい一品。
サイダーはあまりたくさん入れないようにしましょう。

《作り方》

① 豚肉を酢豚くらいの大きさに切り、塩、こしょうをふって片栗粉をまぶしておき、熱したサラダ油で揚げます。

② 揚げた豚肉を鍋に入れて、サイダーを浸るくらいに加えて２～３分煮ます。

③ レモンを絞り、煮えた豚の鍋に入れて火を止めます。レモン汁を加えるときスライスしたレモンを２～３枚入れ、器に盛ったとき天盛りにすると綺麗です。

春キャベツと海老のサワークリーム和え

材　料：キャベツ、海老

調味料：塩、こしょう、サワークリーム、マヨネーズ

みずみずしい春キャベツがおいしい季節です。
塩揉みしたキャベツは量がかなり減りますので、
多めかなと思うほど作っても大丈夫です。

《作り方》

① キャベツは、裏に返して芯の部分をくりぬきます。水道水をくりぬいた部分にかけるとキャベツが１枚ずつはがれます。

② １枚ずつはがれたキャベツは、手でかたい部分を取りながらちぎります。かたい部分は、肉たたきやすりこぎで叩いて繊維をつぶします。

③ ちぎったキャベツをざるに入れて塩を振り、揉んでおきます。

④ 海老は、背ワタを取って茹で、粗熱をとっておきます。

⑤ サワークリーム、マヨネーズを泡だて器で混ぜ、味見をして塩、こしょうで味を調えます。

⑥ ③のキャベツの水をしっかり絞り、冷めた海老を混ぜて⑤のソースで和えます。

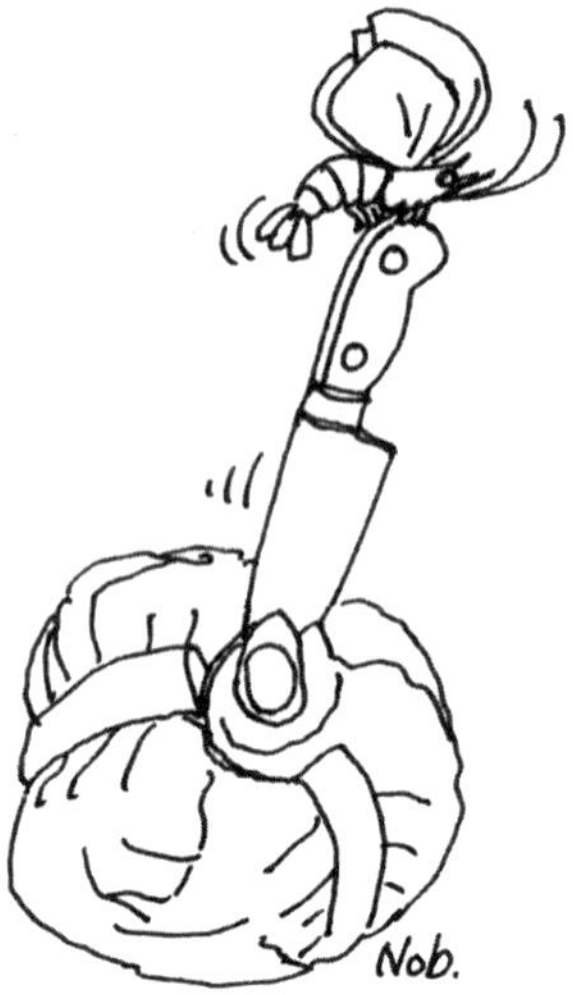

菜の花といかの黄味酢和え

材　料：菜の花、いか
調味料：卵、酢、砂糖

いかは茶褐色なものほど新鮮なものです。
生食用、刺身用と書かれていても自分の目で確かめましょう。
えんペラが胴に巻きついているものほど新鮮です。

《作り方》

① いかは、えんペラ、胴、ゲソに分けて水洗いします。ゲソはまな板に並べてそろえ、短い足先から２センチ位のところで切り落します。
② 黄身酢を作ります。酢に砂糖少々を加えて溶かしておきます。卵黄を鍋に入れて甘酢を少しずつ加え、泡だて器でかき回しながら火を通します。とろみがついてくれば出来上がり。少しゆるくてもかまいません。冷ましておきます。
③ いかの胴は縦に半分に切ってから七、八ミリの細切りにします。えんペラも同じ大きさに切ります。ゲソは２本ずつに切り放します。鍋に湯を沸かし、塩を加えて、胴、えんペラ、ゲソを茹で、ざるにあげて冷まします。
④ 菜の花は茎から葉と花を分け、茎の部分は固いので捨てます。葉と花を湯に入れて色よく茹でます。茹で方は７～８割で、氷水に取りましょう。
⑤ いかと水気を絞った菜の花を合わせて小鉢に盛り、上から黄身酢をかけます。混ぜないほうがきれいです。

《作り方》

① 鯵を三枚におろして軽く塩を当てて置きます。

② 塩を当てた鯵を30分ほど置いて酢に浸けます。酢は鯵がかぶるくらいの量を入れずに、鯵の上をペーパータオルで覆えば上まで酢に浸かります。

③ 若布は水に浸け、塩ぬきをして小口に切ります。若布は、茎に沿って横に葉が出ていますので、茎をまな板に広げて茎の部分を切り離して葉を並べて切ります。

④ 大根と人参は短冊に切り、キュウリは小口切りにして塩をしておきます。

⑤ 酢に浸けた鯵の中骨を抜き、頭の方から皮をはいでしっぽからひとくち口大に切ります。

⑥ 塩をした野菜はしっかり水切りして皿に並べ、鯵を並べて上から若布を散らします。

⑦ 酢、砂糖、白だしで三杯酢を作り、食べる直前にかけましょう。

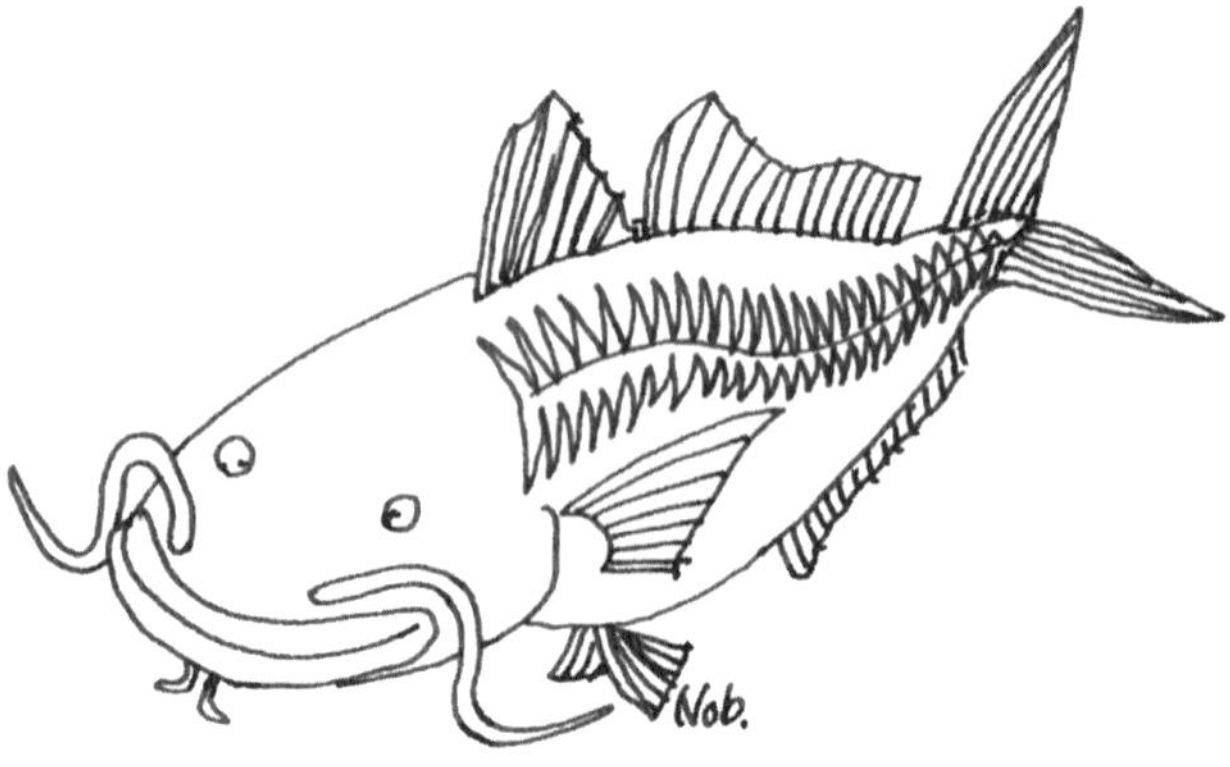

アジナマズ

鯵の五色なます

材　料：鯵、若布、大根、人参、キュウリ
調味料：塩、酢、砂糖、白だし

鯵は新鮮なものを買いましょう。
目の色も見て、澄んでいれば新鮮です。
鯵をさばきましょう。

《鯵のさばき方》

① 頭を左にしてまな板に置き、胸びれを持ち上げて頭を切り落とします。
② 頭側を上（奥）、尾を下（手前）に置き直してから、腹を切り開きワタを取り出します。このとき腹の中を掃除して、腹の終わりにある三角の骨を取りのぞきます。
③ 中骨の上に包丁をあて、中骨をなでるように切り離します、これで一枚です。
④ 裏返してもう一度同じように骨の上を切ります。二枚の身と骨で三枚です。

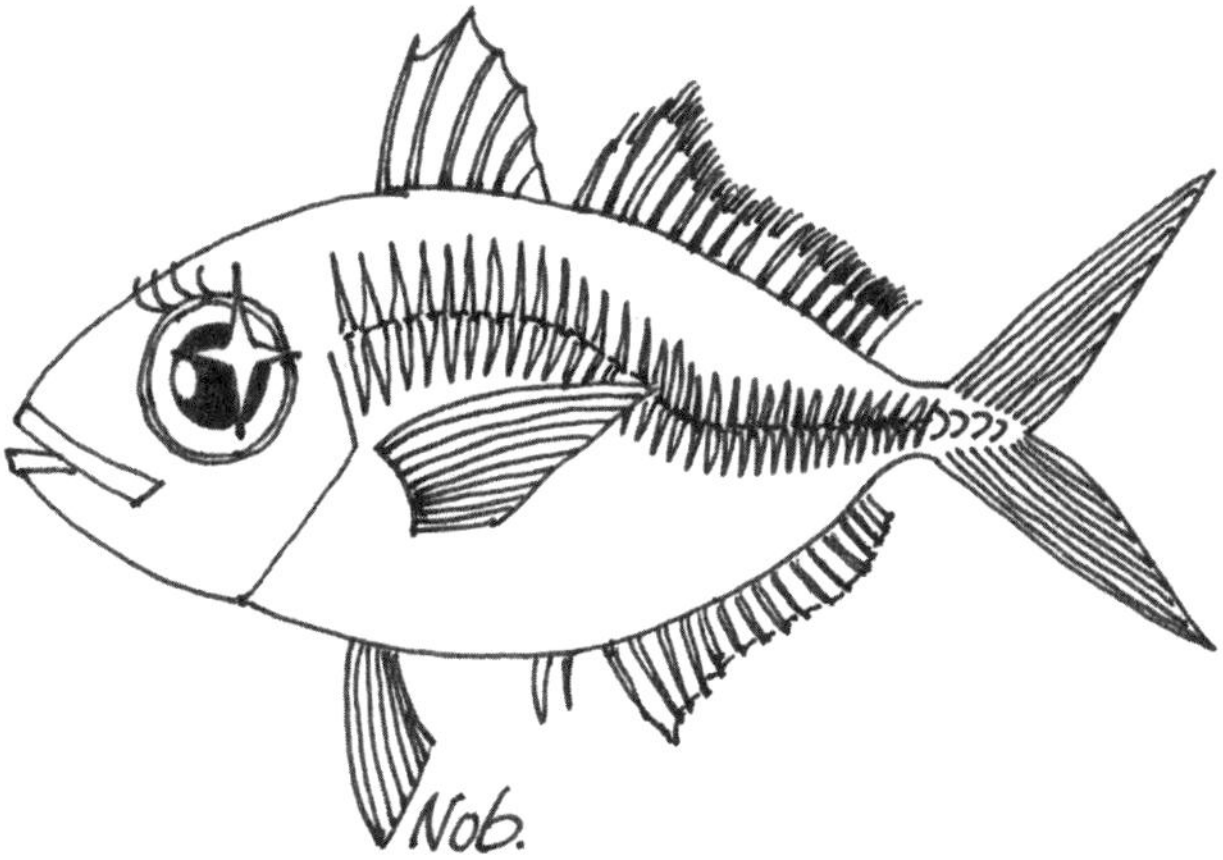

ひじきの五色煮

材　料：ひじき、油揚げ、ちくわ、人参、はす、干し椎茸、いんげん、しらたき
調味料：醤油、みりん、白だし、砂糖、煮酒、かつおだし、胡麻油

ひじきは乾燥したものの方が栄養価も高いので、乾燥ひじきを使います。

戻すと五倍くらいに増えるので注意しましょう。

具はひじきと同量以上に用意します。

たくさん煮ても使い道はいろいろあります。ご飯に炊き込めばひじきごはん、卵焼きに入れると変わり卵焼きに、白和えにも向いています。たくさん作りいろいろ試してみてください。

《作り方》
① ひじきを水で戻します。急ぐ時はお湯で……。
② 干し椎茸も戻します。
③ はすはスライスした先から酢水に浸けます。
④ 人参、油揚げ、ちくわ、しらたきは長さをそろえ、幅3ミリほどの千切りにしておきます。
⑤ いんげんは、色よく茹でて斜め千切りにして取りおきます。
⑥ ひじきといんげん以外を胡麻油で炒めます。
⑦ 全体に油がまわったら、ひじきを入れて再び炒めます。
⑧ 砂糖、みりんを加えてまぜたら、ひと呼吸待ちます。白だし、醤油、かつおだし、煮酒を加えて煮込みます。少し薄味がいいでしょう。汁気がなくなるまで煮詰めてください。
⑨ あら熱が取れたら、いんげんを混ぜます。

姫竹と鯖水煮缶のみそ汁

材　料：姫竹、鯖水煮缶、豆腐
調味料：味噌、かつおだし

姫竹は指の太さくらいの細い筍です。
缶詰や袋に入っている水煮も売っていますが、シーズンの生のものが手に入れば最高です。

《作り方》
① 姫竹は5ミリくらいの斜め切りにします。
② 鍋に水を入れ、姫竹を加えて煮立ってきたら、鯖の水煮、味噌、かつおだしを入れて味をみます。
③ 味が調ったら豆腐を手でちぎって入れ、ひと煮立ちすれば出来上がり。

桜ご飯

材　料：米、桜花漬
調味料：白だし、塩、煮酒、食紅

桜花漬は自分で作ることもできます。

八重桜の三分咲きを摘みとり、水洗いをして塩をふり二日ほど漬けます。

塩を絞って、できれば梅肉（色の付いたもの）を加えて桜に色を付け、再度しっかり塩をふって二、三日塩付けにしてから日に干します。

蓋付きの瓶に入れて一年間使えます。

《作り方》
① 桜花漬は粗塩を水で洗い流し、ボールに入れて５倍くらいの水に浸けておきます。
② 米をとぎ30分経ったら、①の桜の浸け汁の分量を量り、その分を米の水加減から引いてから浸け汁を釜に入れます。白だし、煮酒、塩で薄く味を付けます。食紅を余り濃くならないように加えます。
③ 塩抜きした桜花はしぼっておきます。
④ 釜に火をつけ、炊きあがりに絞った桜花を入れてしばらく蒸らします。

夏

気怠い夏には、酸を多く感じる初呑切り原酒が一番ですね。彩り鮮やかな夏野菜のお料理を添えて、元気の出る食卓にしました！

夏の contents

牛肉と夏野菜のおろし和え

材　料：ステーキ用牛肉、ナス、トマト、トウモロコシ、ピーマン、大根
調味料：サラダ油、酢、砂糖、白だし、塩、こしょう

緑のピーマン、赤いトマト、黄色のトウモロコシに
色よく揚げたナスをあわせて和えた彩りの鮮やかな一品。
大根は、多すぎるかなと思うくらいたっぷりおろします。

《作り方》

① 牛肉に塩、こしょうをします。
② トウモロコシは茹でてほぐしておきます。
③ ナス、ピーマンは１センチ角に切り油で揚げておきます。
④ トマトは種を抜き同じく１センチ角に切ります。
⑤ 大根はおろしてざるに入れ、水切りをします。
⑥ 酢、砂糖、白だしを合わせて三杯酢を用意し、大根おろしと和えます。
⑦ ①の牛肉を焼いて冷ましてからひと口大に切り、皿に並べます。
⑧ 野菜類を味付けした大根おろしに混ぜ、⑦の牛肉の上にかけます。

いんげんの胡麻和え

材　料：いんげん
調味料：胡麻、砂糖、白だし、みりん

いんげんは、水気が少ないので下味不要の手間なし野菜。
胡麻和え入門におすすめです。
味がしみるまでしばらく置いて、盛りつけましょう。

《作り方》
① いんげんはへたの部分を切り落とします。
② 湯を沸かしていんげんを色よく茹で、冷ましてから４センチ位の長さに切ります。
③ 胡麻を香りが出てくるまで煎り、すり鉢で当たります。
④ すり鉢に白だし、砂糖、みりんを加えて味を調えます。
⑤ いんげんを胡麻の和え衣に加え、しっかり混ぜて出来上がりです。

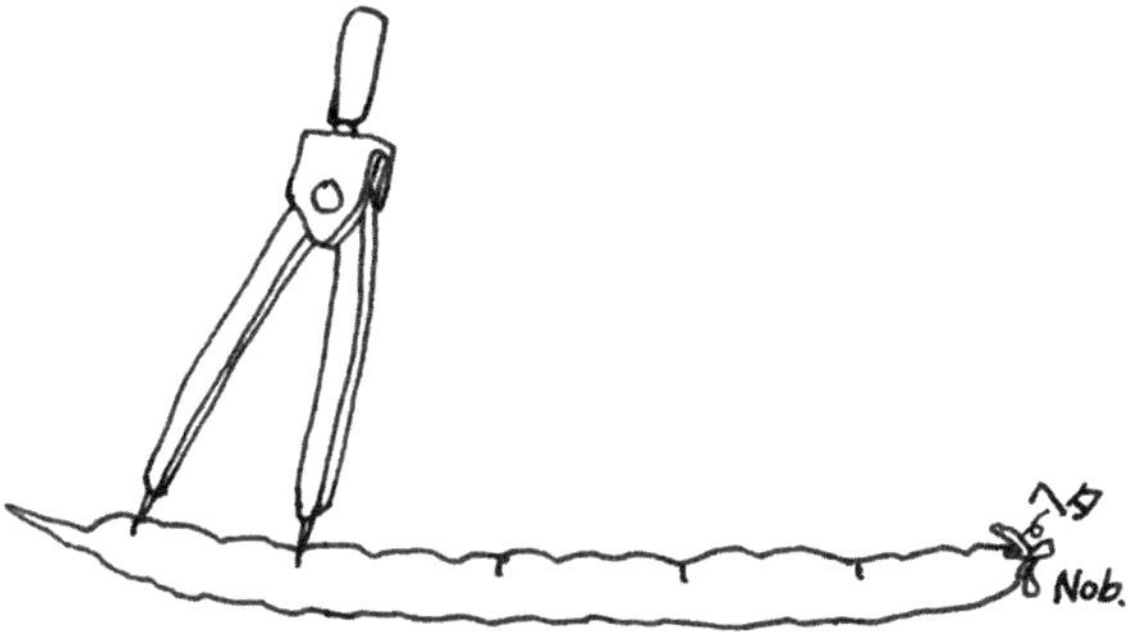

ピータン豆腐

材　料：ピータン、豆腐、紅生姜、万能ねぎ
調味料：胡麻油、醤油

豆腐一丁にピータン二〜三個くらいがおいしい割合。
最後の仕上げは、胡麻油、醤油の順で。
逆にすると油がからまりにくくおいしくありません。

《作り方》

① 豆腐は水切りをしておきます。
② ピータンは縦４つに切ってから横半分に切り、８等分にしておきます。
③ 水切りをした豆腐をピータンくらいの大きさに手でちぎり、ピータンとまぜます。
④ 上に紅生姜、小口切りした万能ねぎを散らします。
⑤ 全体に胡麻油と醤油をかけて（油を先にかけること）出来上がりです。

いかと里芋のワタ煮

材　料：いか、里芋

調味料：醤油、みりん、砂糖、煮酒、生姜

ワタが味の決め手です。
いかは長く煮るとかたくなるので途中で取り出し、
いかの風味がついた煮汁で里芋を煮て仕上げに合わせるのが、
ポイントです。

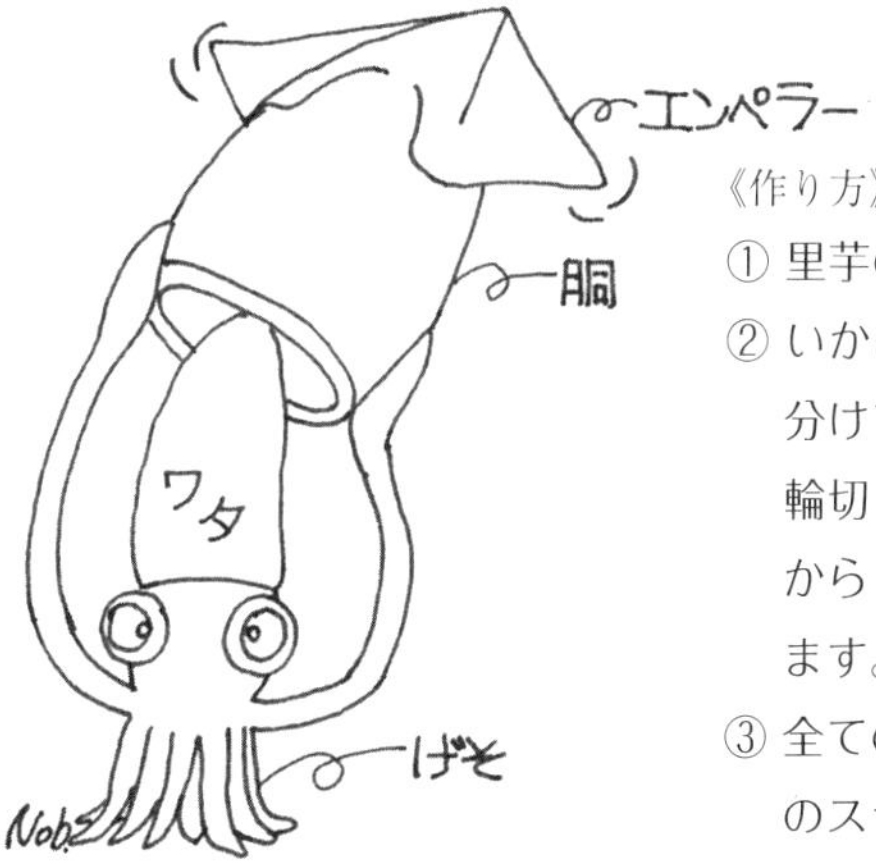

《作り方》

① 里芋の皮をむきます。
② いかは胴、ワタ、ゲソ、えんペラに分けておき、胴は腹の中を良く洗い輪切りにします。ゲソは短い足の先から２センチのところで切り落とします。
③ 全ての調味料を同量であわせ、生姜のスライスを鍋に入れて、沸騰したら味をみます。
④ 味が調ったらワタをこそげて泡だて器でよくまぜます。
⑤ いかを全部入れて軽く火を通し、いかを引き上げます。
⑥ 残りの煮汁に里芋を入れて煮ます。汁が少ないようなら水を足してください。
⑦ 里芋が煮えたところへ、いかを戻してひと煮立ちさせて出来上がり。

簡単焼きビーフン

材　料：ビーフン、豚肉（薄切り）、人参、ピーマン、椎茸、きくらげ、卵、紅生姜
調味料：中華味の素、醤油、煮酒、サラダ油

肉や人参の赤、ピーマンの緑、椎茸やきくらげの黒、卵の黄、ビーフンの白。
１日、五色を食べるのが私の献立の柱です。

《作り方》

① 湯を沸かしてビーフンを細かく折って入れ、火を止めて５〜６分蒸らします。ビーフンが乳白色になればざるにあげて水気を切っておきます。
② 卵は錦糸卵にしておきます。
③ 肉と野菜は千切りにしておきます。
④ 鍋にサラダ油を入れて肉を炒め、ピーマン以外の野菜を火の通りにくい順に炒めましょう。
⑤ 五分通り炒めて、中華味の素と煮酒で味つけをします。少々汁気が多くなっても大丈夫、ビーフンが吸ってくれます。
⑥ ビーフンとピーマンを入れて混ぜ合わせ、出来上がりに醤油を少しまわしかけてください。香りづけです。
⑦ 皿に盛り、錦糸卵と紅生姜を飾って出来上がりです。

鮭入りポテトサラダ

材　料：塩鮭、ジャガイモ、人参、玉ねぎ、キュウリ
調味料：塩、マヨネーズ、辛子

ポテトサラダの応用編です。
半端に残った塩鮭に晴れ舞台を踏ませてあげましょう。

《作り方》

① ジャガイモは皮をむかずに半切りにします。鍋に入れ、ジャガイモがかぶるくらいの水を入れて火をつけます。鍋底に少し湯が残るぐらいで茹であがりです。
② 茹であがったジャガイモは熱いうちに皮をむきます。むきながら握りつぶすと楽です。
③ 人参、玉ねぎは千切りに、キュウリは薄切りにします。
④ キュウリ、人参、玉ねぎと混ぜ、塩をしておきます。
⑤ 鮭は焼いて骨と皮をとり細かくほぐしておきます。
⑥ ボールに辛子を溶きマヨネーズを少しずつ混ぜ合わせます。
⑦ 全部の材料をマヨネーズと混ぜ、味をみて盛りつけます。

トマトスープ

材　料：完熟トマト、豚肉（こま切れ）、豆腐
調味料：塩、こしょう、

山積みされたトマトは、夏ならでは。
たくさん買って残ったら、美味しいスープにしましょう。

《作り方》
① 完熟トマトのおしりをくりぬき湯むきします。
② 湯むきしたトマトを手で握りつぶし、鍋に入れます。
③ トマトの量が少ないときはトマトジュースを足します。
④ 豚こま切れ肉を入れて、塩、こしょうで味をつけます。
⑤ 豆腐を手でちぎって加えます。
⑥ 豆腐が温まったら、再度味をみます。

レタスチャーハン

材　料：冷や飯、塩鮭、玉ねぎ、レタス、卵
調味料：塩、こしょう、サラダ油

レタスは、葉の部分をてのひらにのせ、
上に向いた芯をげんこつで叩いて芯を取りのぞきます。
芯がとれた部分に水道水をかけると、一枚ずつ葉がはがれます。
逆さにして水を切り、芯を下に向けてラップで包んでおくといつでも使えます。

《作り方》
① 塩鮭は焼いて、皮と骨を取りほぐしておきます。
② 冷や飯は電子レンジで温めておきます。
③ 玉ねぎは１センチの角切りにしておきます。
④ レタスはひと口大にちぎっておきます。
⑤ 鍋にサラダ油を入れ、玉ねぎを炒め、温めたごはんを入れて油が回ったらほぐした鮭を加え、塩、こしょうで味を調えます。
⑥ 混ざったらレタスを入れて、火が通らないうちに火を止めてお皿に盛ります。
⑦ 卵を半熟の目玉焼きにしてチャーハンの上にのせてください。

秋

山から冷たい風が吹くようになると、お酒の熟成がすすんで美味しくなる季節。秋ナス、さんま……、美味しい食材も揃います！

秋の contents

ジャガイモの肉巻

材　料：ジャガイモ、豚肉（薄切り）
調味料：醤油、砂糖、みりん、煮酒、塩、こしょう、サラダ油

私は、野菜を肉で巻いたり、はさんだりすることをよくやります。肉好きな人にこそ、野菜を食べてほしいのです。

《作り方》

① 醤油、砂糖、みりん、煮酒を合わせて火を通しておきます。
② ジャガイモは１センチ角の棒状に切り、崩れない程度に茹でておきます。
③ 豚肉に塩、こしょうして、茹でたジャガイモを巻きます。
④ フライパンに油をひき、③を入れて返しながら全面焼き色がつくまで焼きます。油が多ければふき取り、合わせておいた調味料を加えて絡ませます。

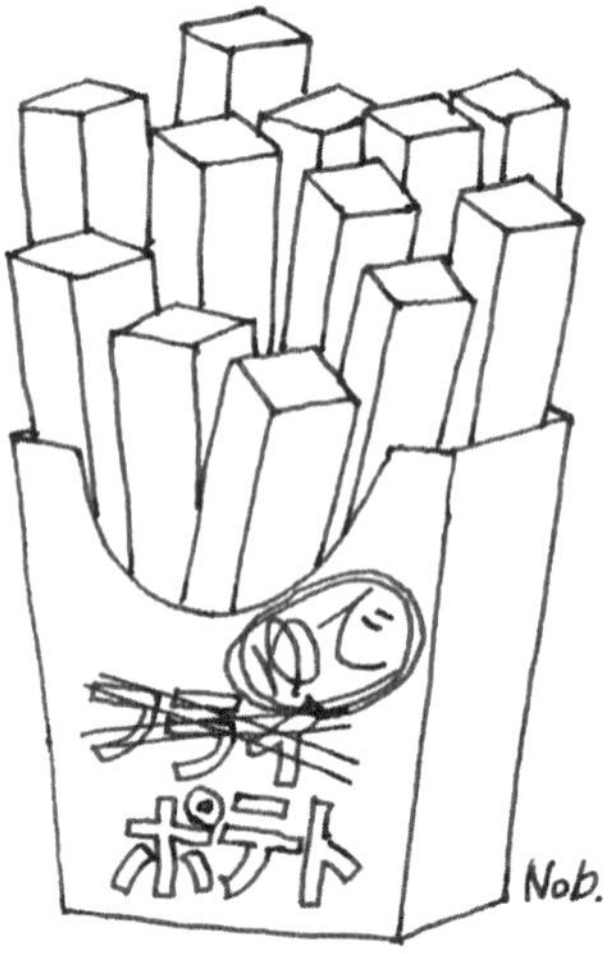

キウイとえのき茸の酢の物

材　料：キウイ、えのき茸

調味料：酢、砂糖、白だし

手軽でさっぱりの酢の物。なんと、キウイがおかずに変身！
爽やかな色合いで、もう一品ほしいときに重宝します。

《作り方》

① キウイは皮をむき、縦に千切りにしておきます。

② えのき茸は根元を切り落として長さを半分に切り､軽く茹でます。

③ 酢、砂糖、白だしを合わせて三杯酢を作り、キウイとえのき茸を和えます。

ナスの揚げびたし

材　料：ナス
調味料：酢、砂糖、そばつゆ、豆板醤、サラダ油

朝作って冷蔵庫に入れておくと、夕方にはすぐご飯になります。夏の間から何度も登場する便利なおかずです。

《作り方》

① ナスはひと口大の乱切りにし、切ると同時に揚げます。色が変わるので１回で揚げる分ずつを切りましょう。
② 調味料（サラダ油を除く）を好みの味に合わせます。
③ 揚げたナスをきれいな紫色に保つために、普通は氷水を用意しますが、そばつゆを薄める分の水を氷にしておくと、ナスを揚げてすぐ汁に入れることができて一石二鳥です。
③ ナスと汁の合わせ終わりには味見をしましょう。あまり味が薄いとおいしくありません。

はすだんご

材　料：はす、豚ひき肉
調味料：サラダ油、塩

「おいしい〜！　で、これ何？」というわけで、いつもレシピ公開となります。

《作り方》

① はすは皮をむき、鬼おろしですります。鬼おろしのないときは、半分をビニール袋に入れて、包丁の柄かすりこぎを使ってたたきつぶします。残りは普通のおろし器ですり、たたいたものとあわせます。

② 豚ひき肉と合わせて塩で味をつけます。

③ 軽く水気を絞るように団子に丸めながら、180℃に熱したサラダ油で揚げます。浮いてくれば出来上がり。

※絞った水気をザルでこすと、団子１個分くらいのタネが残っています。最後にもう１個作りましょう。

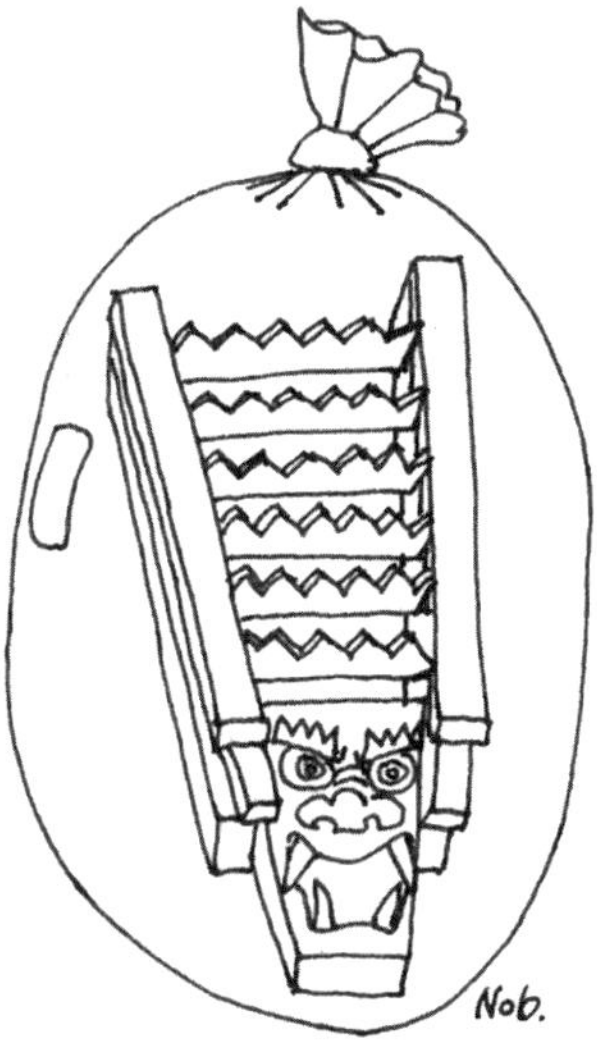

鶏もも肉のチーズ焼き

材　料：鶏もも肉、レタス
調味料：サラダ油、塩、こしょう、パン粉、パルメザンチーズ

簡単でボリュームたっぷりの一品です。
塩をした鶏もも肉から出る水分でパン粉をつけます。できるだけ細かいパン粉がおすすめです。

《作り方》
① 鶏もも肉は、脂部分を取り除いてひと口大に切り、肉たたきでたたき伸ばし塩、こしょうをしておきます。
② パン粉とパルメザンチーズを合わせておき、鶏にまぶします。
③ サラダ油を熱して焼きます。
④ 皿にレタスを敷き、焼けた鶏肉を並べて出来上がりです。

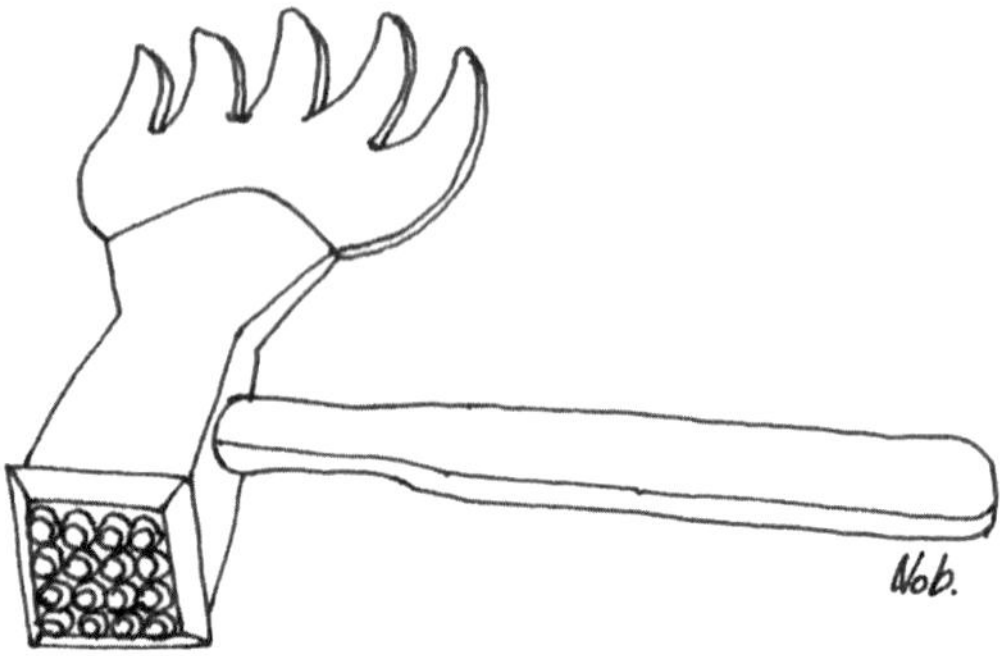

かつおのたたき

材　料：かつお、野菜いろいろ
調味料：胡麻油、醤油、ニンニク（お好みで）

ふだん生野菜が足りない方におすすめ。
海鮮サラダ風の一品です。

《作り方》

① 野菜は水菜、かいわれ菜、万能ねぎは3～4cmに揃えて切り、大葉は千切りにして氷水に取りシャッキとさせておきます。
② かつおは冊取りしたものを買います。
③ かつおに塩を当てて、油をひかないフライパンで焼き目をつけます。
④ 中まで火が通らないように焼いて氷水にとり、冷めたらペーパータオルで水気をふき取ります。刺身より少し厚めに切り皿に並べます。
⑤ 皿に並べたかつおの上に野菜をたっぷりのせて胡麻油、醤油をかけます。お好みでニンニクのスライスをのせましょう。

さんま寿司

材　料：さんま、すだち、すし飯
調味料：塩、酢

さんま３尾で、米２カップ弱で炊いたすし飯、
すだちは１個分くらいの分量でしょうか。
新鮮なさんまなればこその逸品です。

《作り方》
① 新鮮なさんまを選び、頭を取って腹開きにして塩を当てます。
② 30分位置いてから、酢で〆ます。
③ すだちを薄くスライスしておきます。
④ まきすにラップを敷き、スライスしたすだちを並べ、その上に開いたさんま、すし飯の順にのせて海苔巻のように巻きます。しっかりと巻きましょう。
⑤ ラップに巻いたまま１本を六等分くらいに切り離します。
⑥ 皿に並べるときにラップをはずします。

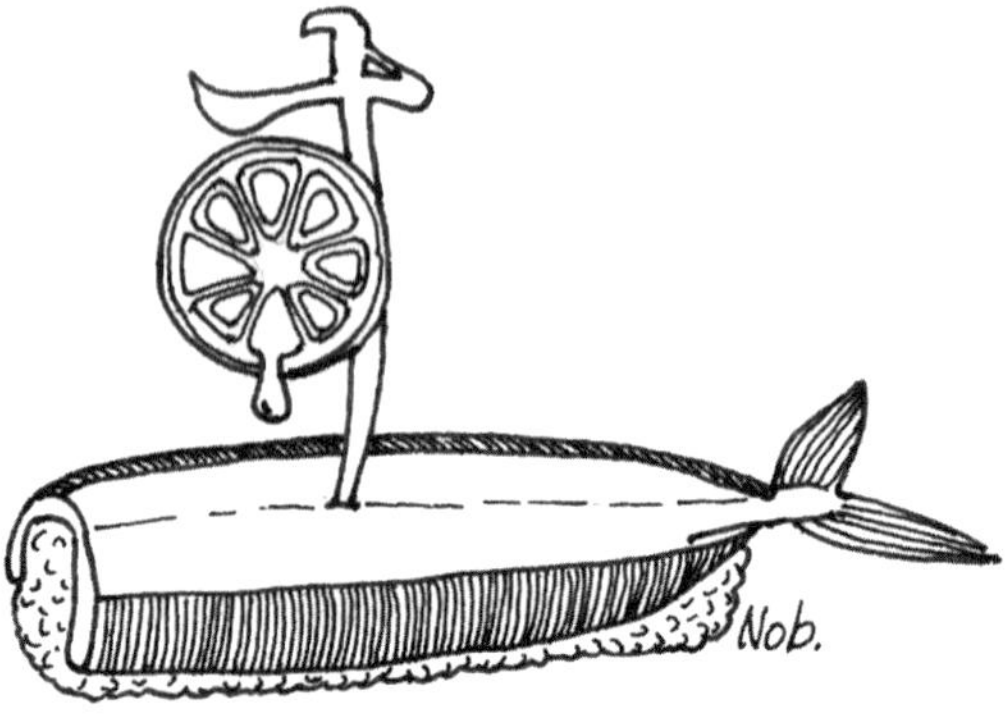

冬

寒くなりましたね。お燗酒が恋しい季節です。醤油や砂糖をしっかり使った、コクのある料理を合わせました！

冬の contents

ゆで豚

材　料：豚肉（肩ロース）、春菊
調味料：塩、醤油、辛子

春菊は生で食べるので、育ちすぎていない柔らかいものを選びます。

《作り方》

① 豚肉は塩をして、5～6センチ位の太さでしっかりとタコ糸でしばります。
② 春菊は葉の部分を切り取り、茎はすてます。氷水につけてパリッとさせておきましょう。
③ 豚肉は30分くらい茹でます。
④ 皿に水切りをした春菊を敷き、スライスした豚を並べます。
⑤ 辛子醤油を作り上からかけて食べます。

里芋の白煮

材　料：里芋、柚子
調味料：白だし、砂糖

里芋を白くきれいに仕上げたいので、醤油を使わずに煮上げます。
柚子の香りが、里芋を煮ただけのお惣菜を、
旬のごちそうに早変わりさせてくれます。

《作り方》

① 粒揃いの里芋を選び、皮をむいておきます。
② 鍋に里芋とひたひたの水を入れ、白だし、砂糖で味を付けてから火をつけます。
③ 汁がなくなるまで煮ます。
④ 小鉢に盛り、柚子の皮の千切りを多目に散らしてください。

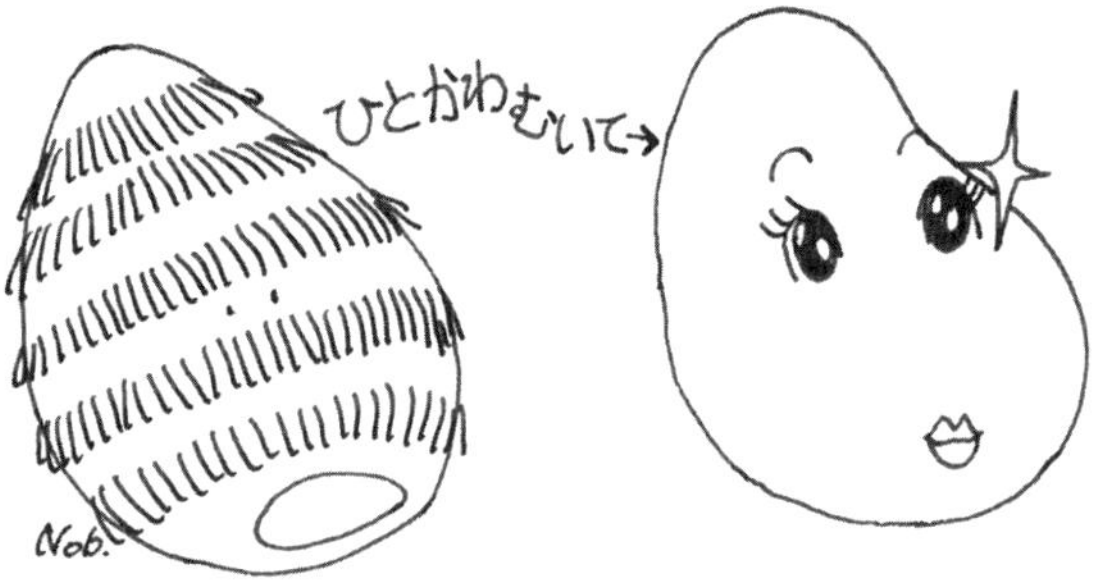

はすのきんぴら

材　料：はす

調味料：胡麻油、白だし、砂糖、みりん、鷹の爪

スライスするのが一般的な「はすのきんぴら」ですが、
たまには、ころころの乱切りにしてみてはいかが？
醤油を使わずに、白く仕上げます。

《作り方》

① 酢水を作ります。はすの皮をむいてひと口大の乱切りにして酢水に放しておきます。

② 鷹の爪は種を除いて中華鍋に入れ、胡麻油を入れて弱火にします。

③ 鷹の爪の香りが出てきたら、はすを入れて炒めます。

④ 全体に油が回ったら、白だし、砂糖、みりんで味付けをします。炒めすぎに注意します。

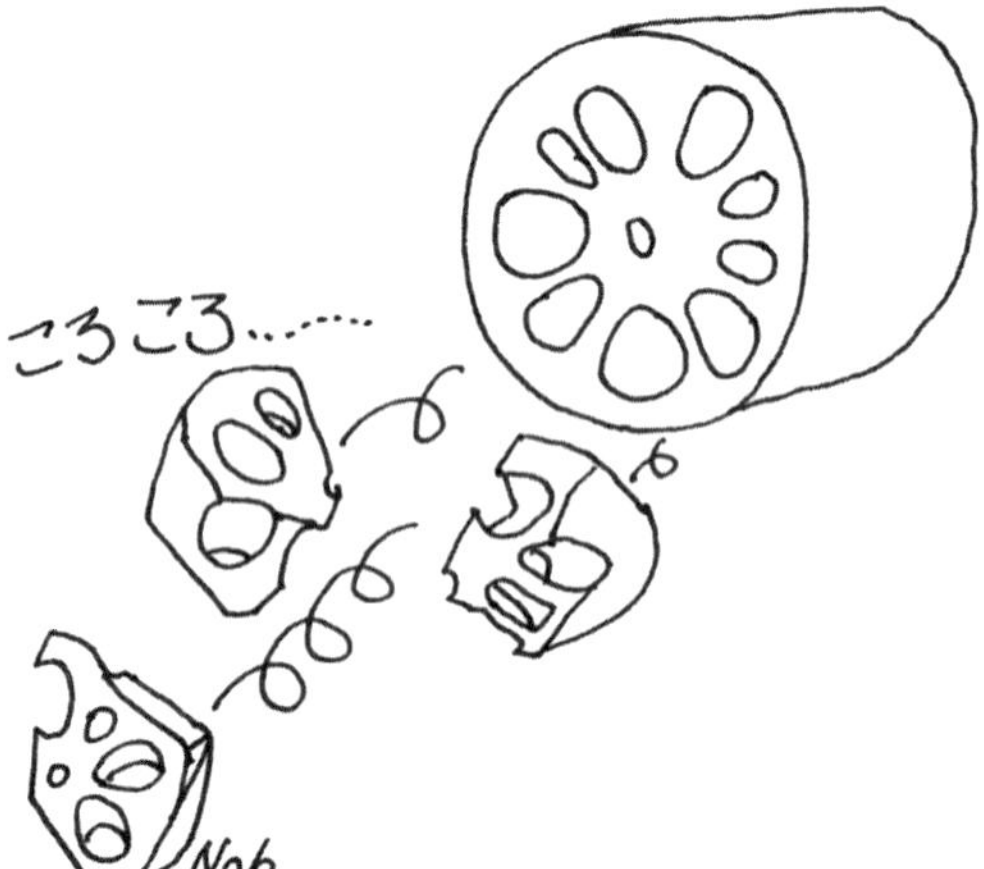

鮪とアボカドのわさび和え

材　料：鮪、アボカド
調味料：醤油、わさび

アボカドの選び方は、アボカドを手のひらにのせ、優しく握ってみます。
まだ食べるには早いとかたく、少し柔らかく感じれば食べ頃です。
結構難しい作業です。

《作り方》
① 鮪が水っぽいようであれば、脱水シートに包んでしばらく置きます。
② 鮪はぶつ切りにして、うすく醤油をあてて漬けにしておきます。
③ アボカドの種を除き、鮪と同じくらいの大きさに切ります。
④ 醤油少々にわさびをまぜて、鮪とアボカドを和えます。

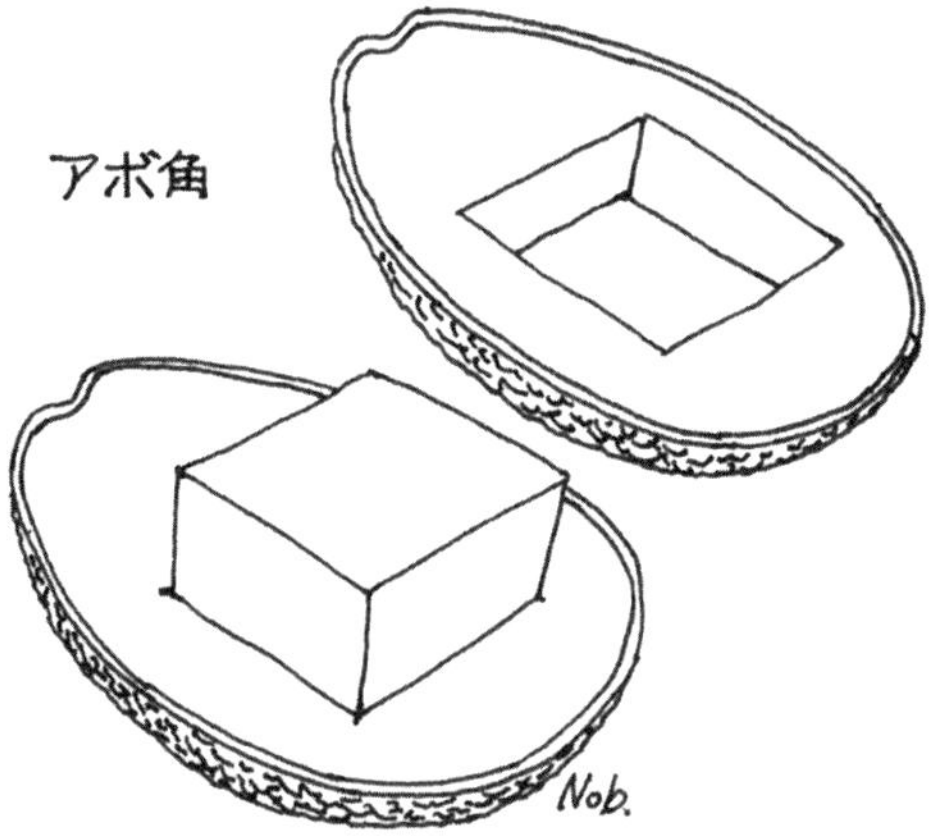

牡蠣のおろし和え

材　料：牡蠣、大根、柚子
調味料：酢、砂糖、白だし

手軽で簡単！　生牡蠣の美味しい食べ方です。
牡蠣の選び方は、殻を剥いた身のひだの部分が黒いものほど新鮮です。
必ず塩水で２～３回振り洗いします。
生で食べる時は、すり下ろした大根の汁に塩を入れてもう一度洗いましょう。
殺菌作用があるそうです。

《作り方》

① 牡蠣は水に塩を入れて良く振り洗いをします。牡蠣の殻が残っていたら取り除きましょう。
② ざるにとり、水切りをしておきます。
③ 大根はおろして汁を軽く絞り、酢、砂糖、白だしの三杯酢で味を付けます。
④ 味付けしたおろしに、水切りした牡蠣をまぜ、その上に柚子の皮の千切りをたっぷりとのせます。

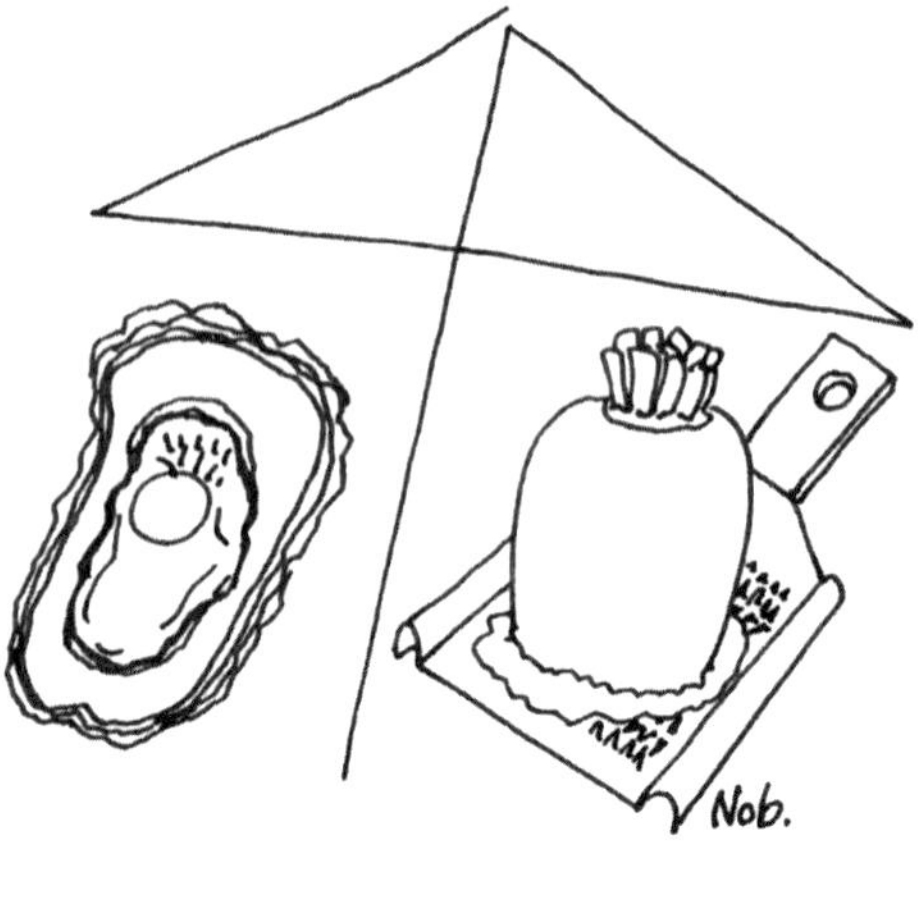

パンプキンサラダ

材　料：かぼちゃ、卵
調味料：マヨネーズ、辛子、塩、白だし、砂糖

かぼちゃの煮物はどうも苦手で……、という方もこれはOKだそうです。
茹で卵が決め手、白だしが隠し味です。

《作り方》

① かぼちゃはひと口大に切ります。鍋に入れてかぼちゃの頭が出るくらいの水を入れ、白だしと砂糖を少し入れて煮ます。かぼちゃの色が変われば煮あがりです。汁が多ければ捨ててください。
② 卵は13分で固茹でにし、8等分にします。
③ マヨネーズに辛子を入れて冷ましたかぼちゃ、茹で卵を合わせて混ぜます。
④ 味見をして、塩で味を調えます。

大根と豚ばら肉の煮物

材　料：大根、豚ばら肉
調味料：塩、酒粕、醤油、白だし、砂糖、みりん

豚肉よりも大根がおいしいという人が多いのです。
太くてしっかりした冬の大根で作りましょう。

《作り方》

① 豚ばら肉は、３センチ×４センチの長方形くらい、煮ると縮みますので少し大きめに切ります。
② 鍋に入れて豚ばら肉がかぶる位の水に、酒粕と少しの塩を入れて30分茹でます。
③ 大根は皮をむき２センチの輪切りにして、串が通るくらいまで米のとぎ汁で茹でます。
④ 茹であがった豚ばら肉と大根は水で洗い、鍋に入れひたひたの水をはります。
⑤ 醤油、白だし、砂糖、みりんを入れて加減をみます。少し薄めがいいでしょう。
⑥ 30分くらい煮て、もう一度味見をします。好みの味に調えましょう。

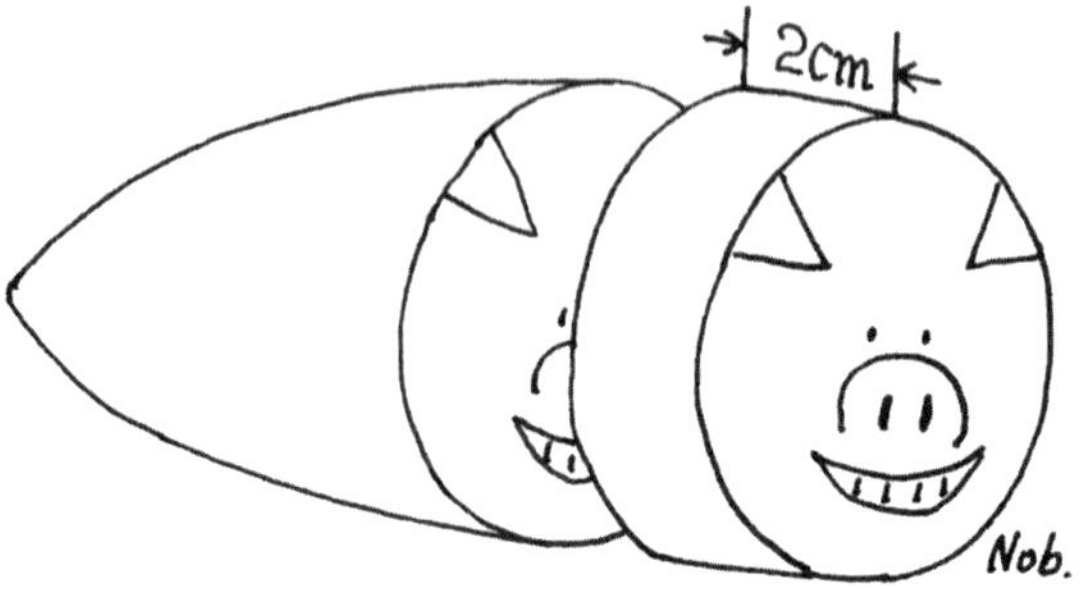

肉じゃが

材　料：ジャガイモ、豚小間肉、玉ねぎ、こんにゃく

調味料：サラダ油、醤油、白だし、砂糖、みりん

煮物は味付けが大切です。

先ず甘みから付けます。砂糖、みりんです。全体に甘みがついたところで、醤油、白だし、煮酒で味を付けます。入れすぎには注意しましょう。

丁度良く味付けをすると煮詰まるので気を付けましょう。

そして、味は引き算ができないことも覚えておいてください。

《作り方》

① ジャガイモは大きめのひと口大に切り、水で軽く洗います。

② 玉ねぎは櫛形に切ります。

③ こんにゃくは細かくちぎります。
王冠などでこそげるとギザギザの切り口になり、味が染みやすくなります。

④ サラダ油で豚、ジャガイモ、玉ねぎ、こんにゃくを炒めます。

⑤ 全体に油が回ったら砂糖、みりんを加えてひと煮たちさせてから、醤油、白だしを加えて味付けします。

⑥ 薄めに味をつけておくと、煮詰まって汁がなくなったとき丁度よくなります。

牡蠣飯

材　料：米、牡蠣
調味料：白だし、塩、煮酒、生姜

小粒の牡蠣を見ると、「牡蠣飯」です。
牡蠣は最初から炊き込まずに、途中で加えるのがポイントです。
牡蠣がかたくならずに、ふんわりとした「牡蠣飯」となります。

《作り方》
① 米は、炊く30分前に研いでおきます。
② 牡蠣を良く洗い、から炒りをします。牡蠣と汁に分けて汁の量を計ります。その分を米の水加減から引いて、牡蠣の汁を加えます。
③ 白だし、塩、煮酒で薄めに味をつけ、炊きます。
④ 炊きあがりに牡蠣を加えてしばらく蒸らし、生姜汁を加えて混ぜます。

おわりに

私たちが、結婚と同時に先代から神田和泉屋を引き継いだのが50年前。それから23年経ったときに、夫が「自分のお酒を自分の舌で選べる消費者を増やしたい」とお酒の学校「神田和泉屋学園」を始めました。生涯をかけるものに出会った夫は、そのときから酒小売店を営みながら「校長」となり、私も迷うことなく一緒に今日まで歩んできました。

その間に送り出したアル中の卒業生は2000名。たくさんの出会いと、数えきれないほどの思い出があります。

神田和泉屋ビルの2階（のちに4階）で校長が日本酒やドイツワインの授業をし、私も3階で料理の授業をする、まさに二人三脚で行なった学園でした。

教室はアル中、アル高、アル大、ドイツワイン科、また、場所も神田にとどまらず、大阪、名古屋、岩手でも開講し、ワイン庫のある岩手での教室は今も続いています。

私は、当初、授業に出す料理を担当していましたが、あるとき、生徒さんから「おかみさんの料理を教えて」という声が上がり、私の料理教室「家政科」が始まりました。最初はお米の研ぎ方に始まり、最後は10キロ以上の寒鰤を捌くまで。季節の素材を活かした料理を教えてきました。最初はまともに包丁も握ることもままらなかった人が、3年間でどんどん成長していく姿を見るのも嬉しいことでした。

学園の修学旅行は、北は秋田から南は鹿児島まで、お付き合いのある酒蔵さん、調味料蔵さんを訪問。ドイツワイン科は、なんとドイツまで5回も行きました。どの旅行でも、もちろんお酒はつきものです。しかし、大酔っ払いになったり、喧嘩になったりしたことは一度もありません。修学旅行での酒蔵さん、杜氏さんとの宴会では、一人当たり四合瓶一本ほどの量を飲んでいましたが、翌早朝の酒蔵見学には誰一人遅れることなく参加していました。皆さん、お酒を造る杜氏さんや蔵人さん方の心を思い、その技術に敬意を表し「天と地の恵みと温かい人の心で醸し出される　本当の酒」という校長が伝えたいことを、しっかり理解してくれていたのだと思います。いつも「おかみさん、おかみさん」と皆さんから親しみを込めて呼ばれていることは、私の生涯の宝物です。「神田和泉屋学園」は閉校となりましたが、これからもお酒がある限りお付き合いが続くことを願っています。皆さん、本当にありがとうございました。

二〇一五年七月吉日

感謝をこめて　横田紀代子

編集後記

横田達之氏（酒庫・神田和泉屋店主、お酒の学校・神田和泉屋学園校長）から「平成27年3月をもって神田和泉屋の店舗を閉店、神田和泉屋学園も閉校する」との通知が学園同窓会にあったのは、平成26年の夏でした。

これまで幾度となく「閉店する」という発言を耳にしていましたが、おかみさんが体力的にきついからということも聞いて、我々同窓会のメンバーも今回は覚悟をしました。

神田和泉屋の創業から80年、横田校長が後を継いで50年、神田和泉屋学園の開校から27年が経ち、校長はその間に日本酒に対する様々な思いを発信してきました。

特に月刊紙

『神田和泉屋たより』（1988年8月第1号創刊、2004年10月195号にて廃刊）

『神田和泉屋学園だより』

（2004年11月創刊、『神田和泉屋たより』を引継いで196号～2011年3月272号まで発行）を発行する中では、横田校長の信念である〝天と地の恵みと　温かい人の心で醸し出される　本当の酒〟について語ってきました。そして、この（月刊紙の）中には、現在の日本酒の造りに対する厳しい意見や消費者の日本酒に対する叱咤も多数ありました。

我々はこの貴重な資料をなんとかして形にして残したい！　と強く念じました。そこでこれまで発行された月刊紙「たより」を抜粋して纏め、この度の上梓に至った次第です。

今回、ボランティアとして編集を手伝ってくれる同窓会員を募集し、第1回の編集会議を2014年（平成26年）11月に行い、その後、月1～2回の定例編集会議を重ねてきました。各方面・各位のご協力とご尽力に対し、ここにお名前を記して心より感謝を申し上げます。

秋田倫子、奥信吾、島倉千佳、田口裕子、野呂瀬裕行、宮永博行、村松みどり
岩嶋岳史、小野寺仁、加藤逸子、河崎早春、神田恵（順不同敬称略）

また、編集全般にわたり適切なアドバイスを下さり、挫けそうになる我々を叱咤激励してくださった武蔵野書院の前田社長に末筆ながらお礼を申し上げます。

横田校長が目指していたように「自分で自分のお酒が選べる人」になってもらいたい…。

この願いを込めて本書が上梓できましたこと、同窓会を代表してご報告させていただきます。

重ねて関係者の皆様、有難うございました。

二〇一五年七月吉日

神田和泉屋学園 同窓会長　岩佐高明

◆著者紹介

横田達之（よこたたつゆき）

昭和15年2月15日 神田小川町生まれ。

地元千代田区立小川小学校、一ツ橋中学校、中央大学杉並高等学校を経て、昭和37年中央大学法学部法律学科卒。卒業と同時に家業を継ぐ。卒業式2日前に学士入学試験を受験、昭和39年同大学二部商学部経営学科卒。現在地元町会長、小川町の氏神様宗教法人幸徳稲荷神社代表役員。株式会社神田和泉屋代表取締役。地酒立ち飲み「神田和泉屋乃酒庫（さけっこ）」店長兼任。

横田紀代子（よこたきよこ）

昭和15年3月21日 神田末広町生まれ。

父の転勤で満州にて幼児期を過ごし、敗戦で帰国。世田谷区上北沢に居住。地元上北沢小学校、緑丘中学校を経て富士見ヶ丘高等学校卒。父の実家の神田末広町で数代続いた家業、和裁仕立ての修行。昭和40年、生まれ故郷の神田に嫁ぎ、3人の子供と6人の孫に恵まれ、100歳になった夫の母、長男家族との賑やかな4世代同居生活と地酒屋のおかみさんを愉しんでいます。

横田達之 お酒の話 日本酒言いたい放題

2015年11月7日 初版第1刷発行

著　　者：横田 達之・横田 紀代子
編　　集：神田和泉屋学園同窓会「たより」編集委員
発 行 者：前田 智彦
装 幀 者：武蔵野書院装幀室
発 行 所：武蔵野書院
〒101-0054
東京都千代田区神田錦町 3-11 電話 03-3291-4859　FAX 03-3291-4839
印 刷 所：株式会社 精興社
製 本 所：有限会社 佐久間紙工製本所

ISBN 978-4-8386-0461-6 Printed in Japan

2004
PRODUCTS